JN242413

# 生まれたときから
## せつない動物図鑑

ブルック・バーカー
丸山貴史 監訳　服部京子 訳

ダイヤモンド社

わたしのめい、
人間の赤ちゃんのマイルスへ

SAD ANIMAL BABIES
by Brooke Barker

Copyright © 2018 Brooke Barker

Japanese translation rights arranged with
The Marsh Agency Ltd & Aragi, Inc.
through Japan UNI Agency, Inc.

はじめに

　赤ちゃんや子育ての話がいっぱい出てくる本を書く者としてはどうかと思うけれど、わたしは自分が赤ちゃんだったころのことはまったく覚えていません。本当に、何ひとつ！
　でも、わたしには4人の弟や妹がいて、かれらが人間の子どもになっていくのをすぐそばで見ながら育ちました。

　いちばん下の妹たち、ドリューとブリンがうまれたときは、家族みんなでしんぼう強く、ふたりに身ぶりや手まねで言葉を教えました。
　だから、ふたりがしゃべることを覚える前に、わたしたちは〝会話〟ができたんです。そのころの妹たちにとって、いちばん大切な言葉は「クッキー」と「もっと」。
　毎朝、ブリンはおはようのあいさつがわりに「クッキーがほしい」と身ぶりで示し、ドリューは手のひらを丸めて「もっとちょうだい」と伝えてきました。
　**我が家で赤ちゃんとして生きるのは、ちっとも難しいことじゃありませんでした。**

　ところで、両生類のタイガーサラマンダーにも大家族がいます。だけど、かれらの赤ちゃんは、残念ながら言葉を教えてはもらえません。
　もし教えてもらっていたら、「共食い注意」や「動物の歯は骨をくだくほど強い」という、危険をさけるためにとても役に立つ言葉

をいち早く覚えていたでしょう。

　わたしたちはそういうことを妹たちには教えませんでした。だって人間の赤ちゃんには必要がないから。


　動物の一生のうちの最初の数年間、かれらはクッキーを味わうこともなく、ただひたすら生きのびるためにたたかいます。


　いまこの瞬間にも、人間の赤ちゃんは静かな日あたりのいい部屋でモーツァルトを子守歌にしてすやすやと眠っていることでしょう。

　同じとき、ガラパゴス諸島の砂浜では、卵からかえったばかりのイグアナの赤ちゃんが生きるために必死に走っています。追ってくるのはおなかを空かせた何匹ものおとなのヘビで、動くものなら何でも殺して食べる気でいます。赤ちゃんはうまれてからまだほんの数分で、はじめて目にする顔が腹ペコのヘビかもしれないのです。


　地球のどこかほかの場所では、人間のお父さんがキッチンの引き出しにプラスチックのかぎをかけています。赤ちゃんがまちがって包丁にさわって、けがをしないように。

　同じころ、敵がいっぱいいる暗い森の中では、ウサギのお母さんがうまれたての赤ちゃんを巣あなに置いて一日中食べ物を探しに出かけています。巣あなの周りはウサギにとっては危険だらけ。キツネやオオカミやタカがたくさんいて、天気だっていつあれるかわかりま

4

せん。
　お母さんは赤ちゃんたちを無防備なまま置いていくしかなく、かれらの安全をひたすら願うばかりなのです。

　別のところでは、人間のベビーシッターが赤ちゃんに「すりおろしたニンジン、もうひと口だけ食べてちょうだい」とお願いしています。
**一方、ミーアキャットのお母さんはこっそりよその巣あなにもぐりこみ、ほかのお母さんがうんだ6匹の赤ちゃんを全部食べています。**

　動物の赤ちゃんはだきしめたくなるくらいかわいいかもしれませんが、かれらはか弱く、動作ものろのろ。かんたんに敵のターゲットになり、いつどこにいてもおそろしい目にあってしまいます。
　そのことを知っていれば、これから先、あなたがパンダの赤ちゃんがくしゃみをしている楽しげな映像を見たときには、「この子たちはいろんなことをのりこえてきたのだなあ」と思うはずです。どこかで親鳥と目が合えば、「がんばって」とエールを送るでしょう。

**動物の赤ちゃんとして生きることは、かわいいの一言では片づけられません。** 懸命に生きようとするすがたに、わたしは胸を打たれずにいられません。

ブルック・バーカー

はじめに …… 3

ほ乳類って、こんな動物 …… 16

ネコの辞書に「おじいちゃん」「おばあちゃん」という言葉はない …… 17

ハダカデバネズミの世界では地位が低いとふんづけられる …… 18

ジャッカルの子どものごはんはゲロばかり …… 20

ウサギの赤ちゃんは1日に2分しかお母さんと会えない …… 21

ずぼらな母ブタはうっかり子ブタを押しつぶしがち …… 22

うまれたてのカバはすでに45kgある …… 24

カワウソは子どもを水に突き落とす …… 25

ヘラジカは弟か妹がうまれると親に「さよなら」を言われる …… 26

アナグマはうまれてから6週間は目を開けない …… 28

ハタネズミの寿命は人間の80分の1 …… 29

ゾウの赤ちゃんは鼻を使うのがへた …… 30

# 1
## 人間だって、ほ乳類
# せつないほ乳類

# もくじ

**ミーアキャット**はご近所さんが総出で子育てする …… 32
**オランウータン**の子育ては孤独 …… 33
**ココノオビアルマジロ**は全員4つ子 …… 34
**オオアリクイ**のおんぶは1匹限定 …… 36
**ブチハイエナ**はうまれた瞬間から
何でも無差別にかむ …… 37
1年半あれば2匹の**ドブネズミ**は
日本の人口くらいに増える …… 38
朝うまれた**ウマ**は昼にはもう走っている …… 40
**マレーバク**の赤ちゃんはスイカ模様 …… 41
夜中の森から人間の赤ちゃんの泣き声が聞こえたら、
**ショウガラゴ**の可能性がある …… 42
オスの**プーズー**は絶対に子育てを手伝わない …… 44
**トラ**のお母さんはだっこのかわりに赤ちゃんの首をくわえる …… 45
**パンダ**はふたごをうんでも1匹しか育てない …… 46
むれをのっとった**ハヌマンラングール**は
子どもをみな殺しにする …… 48
**トビイロホオヒゲコウモリ**の赤ちゃんは
親にまかせて空を飛ぶ …… 49
**ジリス**は家族のにおいをかぎ分けてジリスちがいを防ぐ …… 50
**ミユビナマケモノ**がぶらさがる木はお母さんのおさがり …… 52
うまれたての**シカ**は草むらに置き去りにされる …… 53
**ライオン**が「ガオー」とほえるには2年の訓練が必要 …… 54

病気の子イヌは親イヌに食べられる……56

ヨーロッパジネズミはおしりをかんで連結し
ヘビのように移動する……57

ホッキョクグマは子育てに追われて8か月も絶食する…58

有袋類って、こんな動物……70

フクロミツスイはおとなになっても
チョコチップくらいの重さ……71

カンガルーの子どもは袋の中でうんこする……72

タスマニアデビルは乳首争奪戦に勝たないと
生き残れない……74

ハリモグラはトゲトゲしてくると
おなかから出される……75

コアラの赤ちゃんは
ゼリービーンズくらいの極小サイズ……76

カモノハシはうんこ・おしっこ・卵を
同じあなから出す……78

フクロアリクイの赤ちゃんは腹毛にしがみつく……79

ミズオポッサムのおなかの袋は防水機能つき……80

## 2 かれらだって、ほ乳類
# せつない有袋類

マダガスカルジャコウネコは生後8日で仕事に就く … 60

オスのチーターは一生なかよしだけど
メスはそうでもない … 61

メスのゾウは母親そっくりの性格に育つ … 62

ラクダの赤ちゃんにはこぶがない … 64

ゴリラは毎晩ベッドをつくり直す … 65

ミュールジカは赤ちゃんの泣き声にめっぽう弱い … 66

# 3 空を飛んだはいいものの──
## せつない鳥類

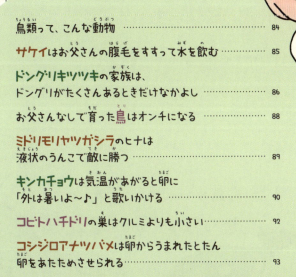

鳥類って、こんな動物 … 84

サケイはお父さんの腹毛をすすって水を飲む … 85

ドングリキツツキの家族は、
ドングリがたくさんあるときだけなかよし … 86

お父さんなしで育った鳥はオンチになる … 88

ミドリモリヤツガシラのヒナは
液状のうんこで敵に勝つ … 89

キンカチョウは気温があがると卵に
「外は暑いよ〜♪」と歌いかける … 90

コビトハチドリの巣はクルミよりも小さい … 92

コシジロアナツバメは卵からうまれたとたん
卵をあたためさせられる … 93

カッコウは赤の他人にちゃっかり育ててもらう……94

ミヤマオウムはいたずらせずにいられない……96

アマサギのヒナは親が目をはなしたすきに
殺し合いを始める……97

卵の重さが体重の4分の1もあるせいで
キーウィのお母さんは食事も呼吸もままならない……98

コウテイペンギンの赤ちゃんは
「タキシード」を着ていない……100

ハトの両親は赤ちゃんを1か月監禁する……101

フラミンゴのヒナには
フラミンゴらしさが何もない……102

ユキチドリは卵からヒナがかえると離婚する……104

シチメンチョウはいざとなったら
メスだけで子どもをつくる……105

ウミガラスは崖っぷちにたったひとつの卵をうむ……106

ダチョウのヒナは6か月で60倍のサイズになる……108

ワタリアホウドリは飛ぶのを覚えるのが
すごくおそい……109

イエミソサザイは毎日500匹のクモを食べる……110

# 5 忘れちゃいけない、かれらのことを
## せつない海のほ乳類

## 4 水の中は、せつなさでいっぱい せつない魚類

魚類って、こんな動物 …… 114

子どもを食べようとするお母さん vs.
子育てするお父さんという家庭でベタは育つ …… 115

ヨーロッパヘダイはつるむ友だちによって
性格がかわる …… 116

キホシヤッコのカップルは
24時間ずーっといっしょ …… 118

トラフザメはうんだ卵に興味がない …… 119

タツノオトシゴの99%は
親と生き別れになって死んでしまう …… 120

サケはふるさとを忘れない …… 122

ディスカスは皮ふからしみ出すぬるぬるの液を
子どもにあたえる …… 123

---

海のほ乳類って、こんな動物 …… 126

ゴンドウクジラはうまれてすぐにはげる …… 127

マナティーの赤ちゃんはわきの下からお乳を飲む …… 128

アシカは日焼けしたくなくて砂まみれになる …… 130

シャチの赤ちゃんは眠ると死ぬ …… 131

タテゴトアザラシの親子は2週間で別れる …… 132

イルカの歯はかめない …… 134

セイウチのおもちゃは死んだ鳥 …… 135

マッコウクジラはママ友にベビーシッターを頼む …… 136

# 6 嫌われがちだけど、知ってほしい
## せつない昆虫

- 昆虫って、こんな動物 …… 140
- ハネカクシはどさくさにまぎれてグンタイアリを食べる … 141
- アブラムシは1週間に一度自分のコピーをうむ …… 142
- ヒトデの赤ちゃんがどこへ行くかは波が決める …… 144
- アメリカモンシデムシのおうちは死体のそば …… 145
- ミツバチは自分の部屋をそうじしてから旅立つ …… 146
- ナナホシテントウの卵はとっても小さい …… 148
- 幼虫は全身トゲトゲ …… 149
- トゲトゲ期が終わるとぶ厚い皮でパンパンのさなぎになる …… 150
- サナギから出たら4時間でおとなになる …… 151
- 2匹のカタツムリが交尾するとどっちも妊娠する …… 152
- ガケジグモは腹ペコすぎてお母さんを食べる …… 154
- ハサミムシはいいにおいがする子どもをひいきする … 155
- タコは過保護 …… 156
- オニヤンマは5年かけておとなになり、1か月で死ぬ… 158
- キマダラコガネグモは命とひきかえに卵を守る …… 159

# 7 血は冷たいけど、心はあたたかい……かも?
## せつないは虫類

- は虫類って、こんな動物 …… 162
- ワニは子どもを口に入れて運ぶ …… 163
- ワニの赤ちゃんには卵の殻を破る専用の角がある …… 164
- コモドオオトカゲは親に食べられないために木にのぼる …… 166
- ウミガメがこの世で最初に見るのは母親の顔ではなく、月 …… 167
- ウィップテールリザードの世界には母親のクローンのメスしかいない …… 168

訳者あとがき …… 182

- 両生類って、こんな動物 …… 172
- タイタアシナシイモリの子どもは、歯を使って母親の皮ふを食べる …… 173
- タイガーサラマンダーは食べるがわと食べられるがわに分かれる …… 174
- 若いパナマゴールデンフロッグはコソコソくらす …… 176
- ウーパールーパーは老けない …… 177
- コモリガエルの背中には卵がうまっている …… 178
- アルプスサラマンダーは3年間も妊娠している …… 180
- ダーウィンハナガエルは口で卵をふ化させる …… 181

## 8 水と陸のはざまで生きてます
## せつない両生類

こんにちは！
この本を読んでいる…
ということは、あなたは人間。
つまりほ乳類ですね？

わたしは、
この本を書いた

ブルック・バーカー。
人間です。

そしてもちろん、
この子も──

ちょっと！
まだ首がグラグラだから
気をつけて！

1
人間にんげんだって、
ほ乳類にゅうるい

# せつない
# ほ乳類にゅうるい

# ほ乳類って、こんな動物

## 【定義】

全身が毛でおおわれていて、暑くても寒くても基本的に体温はいつも同じ。だから、気温に関係なく動き回れる。でも、そのぶん生きるのにたくさんのエネルギーが必要。ほかの動物に比べて、においと音に敏感。

## 【いちばん小さいほ乳類】

キティブタバナコウモリ
体長 3cm

## 【いちばん大きいほ乳類】

アフリカゾウ
体長 7.5m

## 【種類はこれくらい】

5000種（全動物の0.4％）

## 【親子関係の特徴】

子どもを母乳で育てるため、
お母さんと子どもはなかよし。

※データは海のほ乳類をのぞきます。
※大きさのデータは、その種の中でもっとも小さいものと大きいものを示しています。

16

# ネコの辞書に「おじいちゃん」「おばあちゃん」という言葉はない

にゃんですか、あなたは…?

ノラネコはメスを中心にして家族のむれをつくることがありますが、一度むれからはなれた子ネコは、おばあちゃんのことなんてまたたく間に忘れ去ります。

もし、どこかでばったり会っても「……知り合いかな?」と思うていど。ちなみに、兄弟のネコを飼っていても、かれらに兄弟という意識はありません。

1 せつないほ乳類

寿命14年（飼育）

**イエネコ**
大きさ 体長60cm
生息地 家畜として世界中で飼われている
生後半年くらいでひとりぐらしを始める。メスは母親の近くにすむ

ハダカデバネズミが生きているのは、厳しい
階級社会。

唯一子どもをうむことができる女王ネズミを
頂点として、敵と戦う兵隊ネズミやトンネルを
ほるあなほりネズミなど、さまざまな階級があり
ます。つまり、兄弟で出世競争するわけです。

かれらの巣は土の中でいくつもの部屋に分
かれていて、各部屋をつなぐのは、ネズミ1匹
がやっと通れるくらいの細いトンネル。

もし2匹のネズミがトンネルでばったり出会っ
たら、階級が下のものは床に腹ばいになって道
をゆずり、上のものはちゅうちょなくその上を歩き
ます。

かれらにとって、階級は絶対なのです。

1
せつないほ乳類

寿命10年

ハダカデバネズミ

大きさ 体長12cm
生息地 東アフリカの
地面の下
成長すると大切な仕
事をまかされるようになり、
階級もあがっていく

19

# ジャッカルの子どものごはんはゲロばかり

正直、ゲロはちょっと…

今日のメニュー
消化しきれていないネズミとウサギ

　ジャッカルの親は、ウサギやネズミを狩ると、残さず肉を食べてしまいます。
　そうして、すみかへ帰ったら、楽しいごはんタイムの始まりです。親はゲロっと肉を吐き出し、子どもにあたえるのです。
　ちなみに、子どもが食べ残したゲロは、再び親が食べてしまいます。

寿命10年
**アビシニアジャッカル**
- 大きさ　体長90cm
- 生息地　エチオピアの山地
- 巣あなで2〜6匹の赤ちゃんをうみ、夫婦と兄弟で協力して育てる

# ウサギの赤ちゃんは1日に2分しかお母さんと会えない

> だきしめないのも、愛

　母ウサギが巣にもどるのは、1日1回、2分だけ。5〜6匹の子どもに急いでお乳をあたえ、あまえられても無視します。
　ずいぶん冷たく見えますが、じつはこれこそがウサギの愛。かれらの敵はにおいをたよりにおそってくるので、自分のにおいがつかないようにして、赤ちゃんの安全を守っているのです。

**アナウサギ** 寿命5年
- 大きさ 体長43cm
- 生息地 ヨーロッパから北アフリカの草原
- 人間のにおいがついた赤ちゃんは、母親に殺されることがある

1 せつないほ乳類

ずぼらな
母ブタは
うっかり子ブタを
押しつぶしがち

しっかりして
ほしいもんだ

なんと、子ブタの死因の50%は、「母ブタに押しつぶされる事故」によるもの。

といっても、すべての子ブタが事故に見舞われるわけではありません。ノルウェー農業大学の研究によると、母ブタには子ブタを押しつぶさないタイプと押しつぶすタイプがいるようなのです。

押しつぶさないほうの母ブタは、きちょうめん。子ブタの鳴き声にすぐ反応する、横になってお乳をあげるときは前もって子ブタを鼻でつついて遠ざける、子ブタのすがたが見えなくなると心配して落ち着かなくなる、といった特徴がありました。

一方、押しつぶしてしまう母ブタは、そういったことを気にしない、大ざっぱな性格が多かったそうです。

---

**寿命15年(飼育)**

### ブタ

**大きさ** 体長1m

**生息地** 家畜として世界中で飼われている

**特徴** 母ブタには14個の乳首があり、子ブタはひとつずつ自分専用に確保する

# うまれたての カバは すでに45kgある

女の子に体重のことをきくなんて！

　赤ちゃんカバの体重は45kgもありますが、おどろいてはいけません。だって、おとなになったら2tをこえるんですから。

　ところで、カバは英語で「ヒポポタマス」といいますが、これは「川のウマ」という意味だそうです。カバとウマはあんまり似ていないのに、へんだと思いませんか？

**寿命50年**

**カバ**

- 大きさ　体長3.8m
- 生息地　アフリカの川や湖
- 水中で出産するため、赤ちゃんは急いで水面にあがって呼吸をする

# カワウソは子どもを水に突き落とす

1 せつないほ乳類

死ななかっただけ
幸運と思いなさい

カワウソには水かきがあり、泳ぎが得意です。水にもぐったり、おなかに赤ちゃんをのせてプカプカういたりもできます。

でも、これは「地獄の猛特訓」の賜物。生後数週間で、お母さんに水にほうりこまれ、うきあがってこないよう押さえつけられたりしながら、命がけで泳ぎを覚えるのです。

寿命10年

**カナダカワウソ**

- 大きさ 体長75cm
- 生息地 北アメリカの川や湖
- 3か月くらいおっぱいを飲み、9か月目までは母親に魚をとってもらう

# ヘラジカは弟か妹がうまれると親に「さよなら」を言われる

## 1 せつないほ乳類

　ヘラジカは1年に1頭、子どもをうみます。そして、いっしょにすごす子どももつねに1頭。つまり、新しい子どもがうまれる数日前に、とつぜん両親は1才になった我が子を追い出すのです。

　アラスカで野生動物の観察をしている生物学者のクリス・ハンダーマークは、事情がさっぱりわからず「はなれたくないよ〜！」とだだをこねる子どもを毎年目撃しています。

　ときには、見つからないようにこっそりと、もといた家族を追いかける子どももいるんだとか。

寿命 20年

### ヘラジカ

**大きさ** 体長 2.6m

**生息地** 北アメリカ、北ユーラシアの森林

うまれたての赤ちゃんは 10kg くらいだが、オスは最大で 800kg にまで成長する

# アナグマは うまれてから 6週間は目を開けない

目を開けるほど 見たいものがない

アナグマの赤ちゃんは地下にほられた真っ暗な巣あなで育つため、うまれてすぐに目を開ける必要がありません。

しかも、おとなになっても、巣あなから出るのは暗い夜だけなので、どのみち視力はあまりよくないそうです。

寿命15年
ヨーロッパアナグマ
- 大きさ 体長70cm
- 生息地 ヨーロッパから西アジアの森林
- あなほりが得意で、出入り口がいくつもあるトンネル状の巣あなをほる

# ハタネズミの寿命は人間の80分の1

1 せつないほ乳類

うまれて2か月でおじいさんじゃよ

ハタネズミが生きられるのは、長くても1年以内。だから、かれらの一生はものすごいスピードで進みます。

うまれて10日で目が開き、3週間目には子どもをつくり始めます。出産は3月から10月にかけての数回。1回につきだいたい3匹の赤ちゃんをうみます。

そして、その生涯を終えるのです。

寿命6か月

### ユーラシアハタネズミ
- **大きさ** 体長11cm
- **生息地** ヨーロッパの草原
- ほとんどは秋に死んでしまい、生き残ったものだけが春に出産する

# ゾウの赤ちゃんは鼻を使うのがへた

# 1 せつないほ乳類

じつは、ゾウの鼻は筋肉でムキムキ！なんと5万種類以上のさまざまな筋肉が複雑に組み合わさってできています。

だから最初からじょうずに鼻を使いこなせるゾウはいません。赤ちゃんゾウは鼻でむれのなかまにさわったり、木をつかんだり、食べ物を口へ運んだりして特訓し、じょじょに「操縦方法」を覚えていくのです。

> 願わくは、
> 鼻を使わずに
> おやつを
> 食べたい

寿命60年

### アジアゾウ

**大きさ** 体長6m
**生息地** 南アジアから東南アジアの森林

ゾウのなかまは、ほ乳類でいちばん鼻がよく、水場もにおいで探す

# ミーアキャットは
# ご近所さんが
# 総出で子育てする

ちょっと過保護なんだよね

うまれたてのミーアキャットは、ものすごく無防備。毛もないし、2週間は目も開きません。

そこで立ち上がるのが、むれのおとなたち。かれらは親でもないのに交代で見張りを立て、授乳や子守りも交代でします。こうして赤ちゃんが巣の外に出られるまで、協力して見守るのです。

寿命8年

ミーアキャット

- 大きさ：体長28cm
- 生息地：アフリカのサバンナ
- 30匹ほどのむれでくらすが、子どもをつくるのは1組の夫婦のみ

# オランウータンの子育ては孤独

うでがしびれた…

1 せつないほ乳類

　おとなのオランウータンは、基本的にずっとひとりでくらします。1回の出産でうむのは1匹だけなので、母ひとり子ひとり状態で子育てがスタート。
　何だかたいへんそうですが、母は強し。子どもをだっこして、かたときもはなしません。
　そして、8年間近くかけて大切に我が子を育てあげ、ようやく独立させるのです。

**ボルネオオランウータン**　寿命40年
- 大きさ：体長85cm
- 生息地：ボルネオの森林
- ほ乳類の中で、子どもにおっぱいを飲ませる期間がもっとも長い

33

# ココノオビアルマジロは
## 全員4つ子

# 1 せつないほ乳類

　ココノオビアルマジロは「食べ物が豊富な3月ごろに出産したいな〜」と思ったら、自由に出産時期をおくらせられます。
　正確には、交尾してから妊娠するまでの期間を自分で決められるのです。ココノオビアルマジロの妊娠期間は4か月なので、3月に出産したければ、11月に妊娠すればいい計算になります。
　だから、それより前に交尾して受精卵ができた場合、子宮の中に保管して、11月まで妊娠をストップさせてしまうのです。
　さらにすごいことに、その受精卵はかならず4つに分かれ、つねに一卵性の4つ子がうまれます。

**寿命14年**

### ココノオビアルマジロ
- **大きさ** 体長50cm
- **生息地** 北アメリカから南アメリカの森林や草原
- ココノオビとはおなかの帯が9本という意味だが、実際は7〜11本

35

# オオアリクイの
# おんぶは
# 1匹限定

いわゆる
プレミアムシート
だね

オオアリクイの親は、子どもが1才くらいになるまでのあいだ、背中におんぶして運びます。

オオアリクイの背中は、ちょうど赤ちゃん1匹ぶんの広さ。だからかれらが子どもをうむのは1年に1匹だけなのです。

**寿命14年**

**オオアリクイ**

**大きさ** 体長 1.1m

**生息地** 中央アメリカから南アメリカの草原

**:(** 母親が子どもを背中にのせると、模様がつながって1匹のように見える

# ブチハイエナは うまれた瞬間から 何でも無差別にかむ

根はいい子なんですよ?

ブチハイエナは、うまれたときからとにかく凶暴。目が見えるよりも早く、するどい歯が生えそろいます。
そのうえ、なぜか自分と同じサイズのものをやみくもに攻撃する習性があり、兄弟にも無差別にかみつきます。

**ブチハイエナ**
寿命 20 年
- 大きさ 体長 1.4m
- 生息地 アフリカのサバンナ
- ときには、兄弟で殺し合いになることもある

1 せつないほ乳類

# 1年半あれば、2匹のドブネズミは日本の人口くらいに増える

メスのドブネズミは、1年に7回妊娠し、そのたびに8匹くらい子どもをうみます。

そして4か月もたてば、うまれた赤ちゃんの半分が子どもをうみ始めます。

さあ、ここからは算数の話。

1組のネズミの夫婦が、1回の出産で8匹うむ。
2+8=10匹→つまり、もとの数2の5倍
うまれたオスとメスが1:1の場合、次の出産時には5匹がそれぞれ8匹うむ。
10+40=50匹→つまり、もとの数2の5×5倍
11回目の出産時には
$2×(5×5×5×5×5×5×5×5×5×5×5)$
= 97,656,250匹
12回目の出産時には
$2×(5×5×5×5×5×5×5×5×5×5×5×5)$
= 488,281,250匹にまで増える。

# 1 せつないほ乳類

自分の部屋なんて、夢のまた夢でチュ

……というわけで、1年半ちょっとで、ネズミの数は1億匹をこえるのです。1億匹のドブネズミを想像して、ぞっとした人がいるかもしれません。

でも、子ネズミはかわいいので、慣れればきっと平気です。

**ドブネズミ** 寿命2年

- 大きさ：体長23cm
- 生息地：世界中の人家の近く
- ネコやヘビ、フクロウなど、敵も多いので、実際はこんなに増えない

# 朝うまれたウマは昼にはもう走っている

のんびりする、ってどういうこと？

寿命 25年（飼育）

**ウマ**
- 大きさ 体長 2.4m
- 生息地 家畜として世界中で飼われている
- うまれてすぐに歩くのは、オオカミなどにおそわれるのを防ぐため

うまれたてのウマは1秒たりとも時間をむだにしません。
ほとんどの赤ちゃんはうまれてから15分で立つことを覚え、ちょっとふらつきながらも、すぐに歩いたり走ったりし始めます。

# マレーバクの赤ちゃんはスイカ模様

1 せつないほ乳類

スイカがぼくをまねしたんだよ!

何年も前に、実家の近くの動物園で、マレーバクの赤ちゃんが生まれたとのこと。わくわくして実家へ帰ったのはいいものの、マレーバクの赤ちゃんがお休みの日に動物園に行ってしまい、見のがしました。次に見に行ったときには、すでに赤ちゃんはおとなの模様で、これはこれでかわいかったんですが、こうしてちらりとだけでも見かけた目がうるんでしまいました。

おとなのマレーバクは、体の真ん中で黒と白に分かれた模様をしています。

しかし、赤ちゃんはスイカのようなしま模様でぜんぜん似ていません。この模様は成長するとだんだんうすくなり、半年くらいでおとなと同じ模様になります。

**寿命30年**

**マレーバク**
- 大きさ 体長2.2m
- 生息地 東南アジアの森林
- スイカ模様は、暗い森では木もれ日のように見えて目立たない

41

# 夜中の森から人間の赤ちゃんの泣き声が聞こえたら、ショウガラゴの可能性がある

体はおとな、声は子ども！

# 1 せつないほ乳類

　ショウガラゴは、ブッシュベイビー（森の赤ちゃん）とよばれる夜行性のサル。

　なぜ、そんなよび名がついたのかというと、人間の赤ちゃんの泣き声のような声で鳴くからです。しかも、夜中の森の中で……。

　かれらはほかにも、低いしわがれ声や、口笛のような音、コッココッコといった、もはや人間の赤ちゃんの声とは似ても似つかない声を発することもあり、その不気味さを加速させます。

寿命10年

**ショウガラゴ**

- 大きさ 体長18cm
- 生息地 アフリカの森林
- 母親を中心にしたむれでくらし、鳴き声でコミュニケーションをとる

# トラのお母さんは<br>だっこのかわりに<br>赤ちゃんの首をくわえる

1 せつないほ乳類

もう〜 ひとりで 歩けるってば！

　トラのお母さんは子どもを1か所に置いて、うまれてから2週間はじ〜っとそばで見守ります。
　移動するときもけっして置き去りにはしません。じゃあどうするかというと、赤ちゃんの首をガブッとかんで持ちあげます。当然、これはかじっているわけではなく、人間でいうだっこのようなものです。

寿命15年

**トラ**

- 大きさ 体長2m
- 生息地 アジアの森林
- 1回に2〜4匹の子どもをうむので、移動させるには何往復もする

45

# パンダは ふたごをうんでも 1匹しか育てない

好きなほうだけ育てますけど、何か？

# せつないほ乳類

赤ちゃんパンダはとてもかわいいけど、ひとりじゃ何もできないため、育てるのはたいへん。

そもそも、パンダが主食にしているササやタケには、あまり栄養がありません。何でそんなものを主食にするんだという話ですが、1日14kgくらい食べないと栄養不足で死んでしまうため、かれらは生きてるだけで大いそがしなのです!

当然、母パンダも例外ではなく、まれにふたごをうんでも、2匹を世話する元気もなければ、充分なお乳も出ません。

そんなわけで、早めに元気そうな子を選び、もう1匹のほうは見捨てるというシビアな選択をせざるを得ないのです。

---

寿命20年

**ジャイアントパンダ**

**大きさ** 体長1.4m
**生息地** 中国の山地
食事には14時間もかかり、10時間以上眠る

# むれをのっとった
# ハヌマンラングールは
# 子どもを
# みな殺しに
# する

> これが厳しい
> 自然のおきて

　戦いに勝って新しいボスとなったハヌマンラングールは、最初にむれの子どもを全員殺します。これは、前のボスの子たちがいなくなることで、子どもを失ったメスたちに自分の子どもをうませるためです。

　でも、かれらが特別残虐なわけではありません。魚や昆虫など、ほかの動物でも、同じような行動は観察されています。

**寿命25年**

**ハヌマンラングール**

**大きさ** 体長60cm
**生息地** 南アジアの森林
1匹のオスと大勢のメスからなるむれをつくり、共同で子育てをする

## トビイロホオヒゲコウモリの赤ちゃんは親にまかせて空を飛ぶ

1 せつないほ乳類

もっと速く飛んでくれる？ぼくは風を感じたいんだ！

うまれたばかりのトビイロホオヒゲコウモリは、1円玉2～3枚ほどの重さしかありません。

大きくなるまでは、お母さんのおなかにしがみついて育ちます。もちろん、夜中に食べ物を探しに飛び回るときもいっしょ。

つかまりそこねて地面に落ちることは死を意味するので、それはもう必死です。

**寿命30年**

**トビイロホオヒゲコウモリ**

- 大きさ：体長8cm
- 生息地：北アメリカの森林や山地
- 昼は暗い洞くつで眠り、夜になると昆虫などを探して飛び回る

49

# ジリスは家族の
# においをかぎ分けて
# ジリスちがいを防ぐ

きみのことは
忘れない。
くさいから

# 1 せつないほ乳類

　ふつうのリスは木の上で生活しますが、ジリスは地面でくらしています。

　アメリカ西部の山にすむベルディングジリスは、家族で助け合ってくらすジリス。かれらは「におい」で家族を見分けます。

　家族のにおいをつけたサイコロを巣あなの入り口に設置すると、そのにおいをかいだジリスは**何事もなくスタスタ通過**。

　一方、知らないジリスのにおいがついていると、**しつこくにおいをかいで警戒します**。このようにして、かれらは**ジリスちがいを防ぐ**のです。

　ところが、家族で助け合いをしないキンイロジリスという別のジリスも、しっかり家族のにおいをかぎ分けたそうです。

※この実験は、シカゴ大学のジル・マテオ教授によるもの

寿命5年

**ベルディングジリス**

- 大きさ　体長20cm
- 生息地　アメリカ西部の山地
- 地面に巣あなをほって、メスを中心としたむれでくらすジリスのなかま

# ミユビナマケモノが
# ぶらさがる木は
# お母さんのおさがり

正直、この木は好みじゃない…

　ミユビナマケモノはうまれてから1年間、お母さんといっしょにすごします。そして、お母さんは独立する子どもに『おくり物』をします。それは自分のお気に入りの木。
　でも、子どもはずっとその木にぶらさがっているわけではなく、すこしずつ自分で好みの木を見つけて引っ越します。

寿命25年

ノドジロミユビナマケモノ

- **大きさ** 体長60cm
- **生息地** 南アメリカの森林
- 生後1か月くらいまでは、母親のおなかにしがみついたまま移動する

# うまれたてのシカは草むらに置き去りにされる

1 せつないほ乳類

すがたはあれど、においはなし

母ジカは我が子を草むらに置いて食事に出かけます。というのも、**シカの赤ちゃんはあまりシカくさくないのです**。これは敵でいっぱいの森の中で、このうえない恵み。においで見つかることがないうえに、子ジカのすがたは白いぶち模様によって森の景色にとけこんでいます。つまり、静かにしている限り、安全というわけです。

**ニホンジカ**

寿命15年

- 大きさ 体長1.3m
- 生息地 東アジアの森林
- 生後2週間くらいすると、母親についていっしょに歩き回るようになる

# ライオンが「ガオー」とほえるには2年の訓練が必要

# 1 せつないほ乳類

ライオンの赤ちゃんはうまれてすぐに鳴きます。なんなら、お母さんのおなかから出てくる途中でも鳴きます。

でも、その声はほえているとは言いがたい「ニャオ〜」というかわいらしいもの。かっこよくほえるには、訓練が必要なのです。かれらは1才くらいから、むれのおとなをまねし始め、念願の「ガオー」達成にはそこから1年もかかります。

苦労して習得したかいあって、**ライオンがほえる声は8km先まで届き、自分たちの子どもやなわばりを守るのにとても役立ちます。**

寿命15年

### ライオン

- 大きさ 体長 1.9m
- 生息地 アフリカとインドの乾燥した草原
- ネコのなかまでほえられるのは、ライオン、トラ、ヒョウ、ジャガーだけ

# 病気の子イヌは親イヌに食べられる

ちょっと鼻水が出てるけど、ただのアレルギーだよ！

　どんな人でも、**子イヌのかわいさには、ついメロメロになってしまいますよね。**たとえその子が病気でも。

　でも、親イヌにとっては、かならずしもそうじゃないみたい。おどろいたことに、おなかをすかせた親イヌには、**病気の子イヌがタンパク質たっぷりのごはんに見えてしまうそうです。**

寿命 16年（飼育）

**イエイヌ**

大きさ 体長 70cm
生息地 家畜として世界中で飼われている
室内犬は、飼い主が突然死すると、その死体を食べてしまうことがある

# ヨーロッパジネズミは おしりをかんで連結し ヘビのように移動する

1 せつないほ乳類

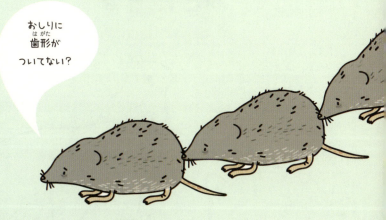

おしりに歯形がついてない?

ジネズミの赤ちゃんは、危険でいっぱいの巣の外で迷子にならないよう、絶対にはぐれない方法を編み出しました。

お母さんを先頭に一列に並び、前のジネズミのおしりにかみついて、電車のごとく連結するのです。これはキャラバン（隊列）行動とよばれ、くねくね動くため、遠くからだとヘビっぽく見えます。

寿命 1.5 年

### ヨーロッパジネズミ

- **大きさ** 体長 7.5cm
- **生息地** 西ヨーロッパから北アフリカの森林や草原
- キャラバン行動をとるのは生後2〜3週間のひとり立ち間近の若者のみ

# ホッキョクグマは子育てに追われて8か月も絶食する

たまに我が子が
ごはんつぶに
見える

1 せつないほ乳類

　ホッキョクグマは、妊娠するやいなや、怒涛の食いだめを開始します。なぜなら、出産後は子どものめんどうをみるのにいそがしすぎて、ごはんを食べられないからです。
　この食いだめによって、母グマの体重は100kg以上増えることもあります。

寿命25年

**ホッキョクグマ**

大きさ 体長 2.5m
生息地 北極圏の海辺
 子どもは2〜3年ものあいだ、おっぱいをもらって育つ

# マダガスカルジャコウネコは生後8日で仕事に就く

ノルマは絶対よ！いいわね？

　たいていの肉食動物は、うまれてから数週間でようやく歩けるようになります。
　でも、マダガスカルジャコウネコの世界はそこまであまくありません。生後わずか8日で、食料調達の仕事をまかされるのです。
　ほかの肉食動物がまだ目さえ見えていない時期に、かれらは果物や昆虫を探して歩き回ります。

**寿命20年**

**マダガスカルジャコウネコ**

- 大きさ：体長45cm
- 生息地：マダガスカルの森林
- よく発達した状態でうまれ、すぐに目が開き、3日で歩き始める

# オスのチーターは一生なかよしだけどメスはそうでもない

1 せつないほ乳類

あんたとはここでお別れ

チーターのお母さんは、子どもがひとり立ちできるようになると、どこかへ旅立ってしまいます。残された子どもたちは、オスとメスで協力して狩りをします。

しかし、それもつかの間の話。成長したメスは異性との出会いを求めてとっとどこかへ行ってしまいます。一方、オスの兄弟は一生いっしょにすごすそうです。

**寿命12年**

**チーター**
- 大きさ 体長1.3m
- 生息地 西アジアからアフリカのサバンナ
- 1回に2〜4匹の子どもをうむ。母子ですごすのはだいたい1年半ほど

# メスのゾウは母親そっくりの性格に育つ

代々引っこみ思案なんだゾウ…

ゾウのむれは、たいてい30代なかばの強いメスをリーダーに、その子どもと孫で構成されています。

ところが、まれに10代の女の子が率いる場合もあります。ケニアのサンブル国立保護区でゾウの観察をしていたシフラ・ゴールデンバーグが発見したむれがそうでした。

じつは、その若いリーダーは、密猟者によって殺された前のリーダーの娘。社交的で人気者だった母ゾウそっくりの性格で、ほかのゾウからも支持されていたのです。

ちなみに、もの静かでつき合いが苦手なゾウの娘は、同じくおとなしいことも報告されています。

**寿命70年**

**アフリカゾウ**

**大きさ** 体長7m

**生息地** アフリカのサバンナ

メスは15才くらいで子どもをうみ始める

# ラクダの赤ちゃんには こぶがない

あれがないと砂漠を旅できないんだ

ラクダの特徴といえば、脂肪のかたまりでできた背中のこぶ。なのに、赤ちゃんラクダにはこぶがありません。こぶがあるはずの場所には、皮ふがたるんで袋っぽくなったものがあるだけ。

いったいいつこぶになるのか、ラクダ農場で働く友人のリンダにきいてみたところ、だいたい生後1週間くらいだそうです。

寿命50年

**フタコブラクダ**

- **大きさ** 体長 2.8m
- **生息地** 中国とモンゴルの乾燥した草原
- こぶの脂肪を分解して、砂漠でも水とエネルギーを得ることができる

ちなみに、リンダはオランダのわたしの家から車で数時間のところにあるラクダ農場で働いています。

# オスのプーズーは絶対に子育てを手伝わない

お父さんはあさっての方向に走り去りました

プーズーは、世界一小さいシカのなかま。おとなでも柴犬サイズです。

でも、小さいからとあなどるなかれ。かれらは風のにおいで敵の接近を察知すると、ジグザグ走りで追っ手をふりきります。ジャンプも得意で、とにかく行動派です。

ただし、オスのプーズーは、子育てについては、まったくいっさい何にもしません。

**寿命10年**

**プーズー**
- 大きさ　体長85cm
- 生息地　チリからアルゼンチンの森林
- 赤ちゃんの体重は1kgにも満たない

# ゴリラは毎晩ベッドをつくり直す

1 せつないほ乳類

万年床は許しません

トリやは虫類の巣になくて、ゴリラの巣にあるもの。それは「ベッド」です。ゴリラは葉っぱでベッドをつくり、親子いっしょに眠ります。

しかも、**毎晩新しいベッドをつくり直す**という、はんぱないこだわりっぷり。

そんな親ゴリラの背中を見て育った子ゴリラによって、伝統は受けつがれます。

寿命40年

**ニシゴリラ**

- 大きさ 体長1.7m
- 生息地 アフリカの森林
- 巣 枝がフレーム、葉がマットレスになっていて、ベッドはふかふか

# ミュールジカは赤ちゃんの泣き声にめっぽう弱い

わたしも泣きたくなっちゃう…

# 1 せつないほ乳類

　人間には、動物の赤ちゃんの泣き声はどれも同じに聞こえます。一方、野生の動物はしっかり聞き分けられる……というわけでもないようです。

　動物の赤ちゃんの泣き声を録音し、草原にこっそり置いたスピーカーから流してみたところ、**すぐにミュールジカが走り寄ってきました**。ところがこのシカは、シカの泣き声はもちろん、声の主がオットセイでも、ネコでも、はたまた人間でも、とにかく赤ちゃんが泣いていれば無条件に助けにきたのです。

　でも、さすがにおとなの泣き声にはぜんぜん反応しなかったそうです。

※この実験は、カナダのウィニペグ大学のスーザン・リングル教授によるもの

**ミュールジカ**　寿命15年
- 大きさ 体長1.5m
- 生息地 北アメリカの森林
- 春にうまれた1〜2匹の子どもは、翌年の春まで母親とすごす

とつぜんですが、
この服にはポケットがあります。

ポケットがあると、
便利ですよね。

有袋類って

いうのは、
体にポケットがある
動物のこと。

ポケットに子どもを入れる
動物もいれば、
その中で母乳を飲ませる
動物もいます。

## 2 かれらだって、ほ乳類

# せつない有袋類

# 有袋類って、こんな動物

【定義】
有袋類のおなかには袋があり、その中で子どもを育てる。うまれたての赤ちゃんは、ひとりじゃとても生きていけないくらい小さい。なので、すぐにお母さんのおなかの袋にもぐりこみ、そこである程度大きくなるまですごす。

【いちばん小さい有袋類】
フクロミツスイ
体長　4cm

【いちばん大きい有袋類】
アカカンガルー
体長　1.6m

【種類はこれくらい】
300種（全動物の0.02%）

【親子関係の特徴】
有袋類も単孔類もほ乳類なので、母乳で子どもを育てる。

※大きさのデータは、その種の中でもっとも小さいものと大きいものを示しています。

わたしたち、例外だけど……

カモノハシとハリモグラは「単孔類」といって、ほ乳類だけど卵をうむ。

# フクロミツスイは おとなになっても チョコチップ くらいの重さ

2 せつない有袋類

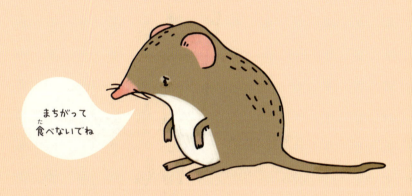

まちがって食べないでね

フクロミツスイは、世界最小の有袋類。うまれたての赤ちゃんの体重は、トッピング用のつぶチョコ以下です。

けれど、自立するくらいおとなになっても、ぜんぜん大きくはなりません。体重はせいぜい10gで、クッキーに入っているチョコチップくらいの重さです。

寿命2年

**フクロミツスイ**
- 大きさ 体長6cm
- 生息地 オーストラリアの森林
- ほ乳類の中で唯一、花の蜜や花粉だけを食べて生きている

# カンガルーの子どもは
# 袋の中でうんこする

## 2 せつない有袋類

カンガルーの子どもは「ジョーイ」というあだ名でよばれることが多いので、ここでもかれをそうよびましょう。

ジョーイは、お母さんのおなかの袋で安全に成長します。袋の中はそうとう居心地がいいらしく、ずっと入っています。

当然、お母さんは重くてたいへん。でも、それどころでなくたいへんなことに、ジョーイは袋の中でうんこもしてしまうのです！

だからお母さんは定期的に袋の口を広げ、顔をつっこんでジョーイのうんこをそうじしなければなりません。

えっ、どうやってそうじするかって？ なめるんですよ。

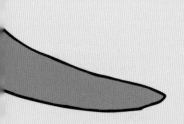

寿命15年

**アカカンガルー**

- 大きさ 体長1.2m
- 生息地 オーストラリアの乾燥した草原
- そうじのかいあって、袋の中は意外と清潔でにおわない

# タスマニアデビルは乳首争奪戦に勝たないと生き残れない

乳首はあまくない

　タスマニアデビルは、干しブドウくらいの大きさの赤ちゃんを30匹ほどうみます。

　うまれたての赤ちゃんはお母さんの乳首をめざして袋へとはっていきますが、肝心の乳首は4つだけ。乳首はひとりひとりと決まっているので、ここで乳首をめぐる戦いが勃発！最大4匹の勝者だけが、生き残れるのです。

寿命8年

### タスマニアデビル

- 大きさ 体長60cm
- 生息地 タスマニア島の森林
- 乳首をくわえると先がふくらんで固定され、成長するまではずれない

# ハリモグラは
# トゲトゲしてくると
# おなかから出される

2 せつない有袋類

だって
痛いじゃん

ハリモグラの卵は直径わずか1.5cm。赤ちゃんの体は肌色で、とげもありません。8週間ほどはお母さんの袋の中でぬくぬく母乳を飲んで育ちますが、とげが生えたとたん、お母さんは一気にドライに。子どもを巣あなに入れ、週に1〜2回、お乳をあげるときしかもどってきません。

ちなみに、ハリモグラには乳首がなく、お乳は皮ふからじわっとしみ出します。

**単孔類** **寿命10年**
**ハリモグラ**
- 大きさ 体長40cm
- 生息地 オーストラリアからニューギニアの草原や森林
- おとなは細長い舌でアリやシロアリを食べる

75

# コアラの赤ちゃんは ゼリービーンズくらいの 極小サイズ

　いきなりですが、**コアラはお母さんのうんこを食べます**。といっても、ふつうのうんこではなく「パップ」という特別なうんこです。

　コアラの主食であるユーカリは、かたいうえに消化しづらく、赤ちゃんコアラの体では分解することができません。そのため、お母さんの腸で半分消化されたうんこを離乳食にするのです。

　しかも、このうんこにはユーカリを分解するバクテリアがたっぷりふくまれていて、**食べると自力でユーカリを分解できるようになるので一挙両得！**

　コアラのおなかの袋は口が下

## 2 せつない有袋類

向きに開いていて、まさにうんこを食べるための親切設計です。

そうそう、コアラの赤ちゃんは体長1.7cmほどで、ゼリービーンズと同じくらい。体が小さすぎて無理やりうんこを食べさせられているのかと思いきや、あるていど成長してから、自ら進んで食べます。

### コアラ

寿命13年

- **大きさ** 体長75cm
- **生息地** オーストラリアの森林
- 赤ちゃんはパップを食べることで、自分の盲腸にバクテリアをとり入れる

# カモノハシは
# うんこ・おしっこ・卵を
# 同じあなから出す

かわり者で悪かったね

ほ乳類には、背骨がある・血があたたかい・体に毛が生えている・子どもをお乳で育てる……といった共通点があります。

しかし、カモノハシはほかのほ乳類とちがって卵をうみます。卵をうむほ乳類は「単孔類」とよばれますが、これは「あながひとつ」という意味。その名のとおり、うんこ・おしっこ・卵の出るあなが同じです。

単孔類　寿命20年

**カモノハシ**

- 大きさ　体長38cm
- 生息地　オーストラリアの川や湖
- 単孔類は、カモノハシと、4種のハリモグラのなかまの計5種だけ

# フクロアリクイの赤ちゃんは腹毛にしがみつく

2 せつない有袋類

さぁ、おいで!

フクロアリクイは有袋類なのに袋がありません。赤ちゃんは袋に入るかわりに、お母さんのおなかの毛にしがみつくのです。

でも、体が大きくなってくると、しがみつくのにも限界があります。そんなわけで、引っ越しなどのときには、背中にのって移動します。「最初から背中にのればいいのに」というのは禁句ですよ。

寿命5年

**フクロアリクイ**
- 大きさ 体長20cm
- 生息地 オーストラリアの乾燥した森林
- フクロアリクイは有袋類の中で、唯一の完全な夜行性

# ミズオポッサムの
# おなかの袋は
# 防水機能つき

水もれしてなかった?

ミズオポッサムは、メスとオスの両方がおなかに袋をもっている唯一の動物。メスの袋には**括約筋という筋肉がある**おかげで、袋の口をしっかり閉じておくことができ、お母さんが泳いでいるあいだも、袋の中にいる赤ちゃんたちは水に

2 せつない有袋類

ぬれず、息もできます。
　これは人間のおしりのあなと同じしくみです。
　でも、どうしてオスにも袋があるのでしょう？ それは大事な生殖器を袋の中にたくしこんでしまうためです。

寿命3年

### ミズオポッサム

- **大きさ** 体長35cm
- **生息地** 北アメリカから南アメリカの水辺
- 水中に適応した唯一の有袋類。オスの袋は口がしっかり閉じないため、泳いでいると水もれする

# 3
## 空(そら)を飛(と)んだはいいものの―
# せつない鳥類(ちょうるい)

# 鳥類って、こんな動物

**【定義】**

じつは、恐竜の生き残り。恐竜時代の前足が、翼になった。全身が羽毛でおおわれていて、翼を羽ばたかせて空を飛ぶことができる。歯はなく、かたいくちばしをもつ。ほかの動物に比べて目がよく見える。

**【いちばん小さい鳥類】**

マメハチドリ
全長 4cm

**【いちばん大きい鳥類】**

ダチョウ
全長 1.8m

**【種類はこれくらい】**

1万種（全動物の0.7％）

**【親子関係の特徴】**

親鳥は巣をつくって卵をうみ、食べものを運んで子育てをする。

# サケイはお父さんの腹毛をすすって水を飲む

3 せつない鳥類

さ、遠慮しないで飲みなさい

サケイがくらすのは、乾燥した砂漠。のどがカラカラのヒナのために、お父さんは30km以上飛んでオアシスを探し、水につかってブルブルします。こうやっておなかに生えた綿のような羽毛に水を吸わせてから、巣に帰るのです。

持ち帰れる水はスプーンにたった2はいぶんほどですが、ヒナたちは待ってましたとばかりに、腹毛から水を飲みます。

**サケイ**　寿命不明
- 大きさ　全長32cm
- 生息地　アジアの砂漠
- おもに乾燥した草の種子を食べるため、ヒナはのどがかわきやすい

ドングリキツツキの
家族は、
ドングリが
たくさんあるときだけ
なかよし

3

せつない鳥類

　ドングリキツツキは、その名のとおりドングリ好き。木にあなをあけてドングリをうめこみ、保存食にします。その執念たるやすさまじく、1本の木に数万個をうめるほど。

　かれらはこのドングリを親せきで分け合い、みんなで協力してヒナを育てます。

　でも、この助け合いはドングリが豊富にあるとき限定。ふつうに考えたら、困ったときほど助け合いをしそうなものですが、逆です。

　かれらにとっては、食べ物の切れ目が縁の切れ目なのかもしれませんね。

寿命10年

**ドングリキツツキ**

**大きさ** 全長22cm
**生息地** 北アメリカから南アメリカの森林
ドングリは冬のための貯蔵食で、ふだんはおもに昆虫を食べている

87

# お父さんなしで育った鳥はオンチになる

でも そんなの 関係ない〜♪

**ウグイス** 寿命4年

- 大きさ　全長15cm
- 生息地　アジアの森林
- 「ホーホケキョ」と鳴くのはオスがメスをよびよせるため。鳴くのがへただとモテない

じつは、鳥のヒナはうまれつき鳴き方を知っているわけではなく、お父さんの鳴き声をきいて歌を覚えます。

そのため、何らかの事情でお父さんなしで育つヒナは、オンチになってしまいます。

# ミドリモリヤツガシラのヒナは液状のうんこで敵に勝つ

3 せつない鳥類

努力は裏切らない

　おとなのミドリモリヤツガシラは、尾羽のつけ根からものすごくくさい分泌物を出して敵を追いはらいますが、ヒナだって負けてはいません。分泌液のかわりに、液状のうんこを敵にあびせるのです！
　これには敵もタジタジで退散。そして、敵が立ち去ったあとのかれらの巣は、たまらなくくさいんだそうです。

**ミドリモリヤツガシラ**
寿命 8年
- 大きさ　全長44cm
- 生息地　アフリカの森林
- 木にあいたあなに巣をつくるので、通気性が悪く、とてもくさくて、暑い

キンカチョウは
気温が
あがると

卵に

と
歌いかける

気温が予想外にあがるとか、夏が猛暑になりそうといった気配を感じると、キンカチョウの親は卵に向かって甲高い声で速いテンポの歌をきかせます。

この歌をきかせられた卵からは、小さなヒナがうまれてくるそうです。体が小さいヒナは、大きいヒナに比べて体温をさげるのが簡単なため、猛暑でも生き残りやすいといわれています。

つまり、卵の中で「外は暑いよ〜♪」のお知らせソングをきいたヒナたちは、きちんと暑さ対策をしてから外の世界に出てこられるわけです。

♪ ♪ ♪ 外は暑いよ〜 ♩ ♪

寿命6年

**キンカチョウ**

**大きさ** 全長 10cm

**生息地** インドネシアからオーストラリアの森林

気温が26℃をこえると、オスもメスも卵に向かって歌いかけるようになる

# コビトハチドリの巣は
# クルミよりも
# 小さい

ミミズなんて
巨大なもの、
食べられっこ
ないでしょ！

コビトハチドリは全長6cmくらいで、体重は2g。卵にいたっては、長さ1cmもなく、小指の幅くらいです。

かつてコビトハチドリは「世界最小の鳥」の名をほしいままにしていましたが、マメハチドリにその座をうばわれてしまいました。

2位に転落したいま、小ささでもてはやされるマメハチドリを見て、さぞくやしがっていることでしょう。

寿命3年

## コビトハチドリ

**大きさ** 全長6cm

**生息地** カリブ海の島々

**巣** 直径3cmくらいの巣の中に、コーヒー豆サイズの卵を2個うむ

# コシジロアナツバメは卵からうまれたとたん卵をあたためさせられる

3 せつない鳥類

もうちょっとゆっくりしたかった…

コシジロアナツバメは卵をひとつうむと、5日あけてからもうひとつうみます。

そして「あとは頼んだ」とばかりに、ひとつめの卵からかえったばかりのヒナに、卵をあたためる仕事を丸投げするのです。

でも、ヒナの死亡原因の半分以上は巣からの転落死。赤ちゃんにまかせるには、ちょっと荷が重い仕事かもしれませんね。

**寿命15年**

**コシジロアナツバメ**
- 大きさ 全長10cm
- 生息地 メラネシアの海辺
- 岩場のしょう乳洞などに集団で巣をつくり、コウモリのように超音波でようすを探る

# カッコウは赤の他人にちゃっかり育ててもらう

どこのだれだか存じませんが、育ててくれてありがとう

# 3 せつない鳥類

カッコウは、自分たちよりも小さくて、簡単にだませる鳥に子どもを育てさせます。よくターゲットにされるのは、ヨーロッパカヤクグリなどです。

カッコウの親はカヤクグリの巣を見つけると、卵をひとつ外に捨て、かわりに自分の卵をうみつけます。卵の見た目は別物ですが、カヤクグリは気づきません。

カッコウのヒナは卵からかえると、カヤクグリのヒナたちよりも早く大きくなり、ほかのヒナを殺害！えさもひとりじめにしてやりたい放題です。

最終的に、何も知らずにせっせとえさを運んでくるカヤクグリの親よりもずっと大きくなり、あばよと巣立ちます。

寿命6年

**カッコウ**

**大きさ** 全長35cm

**生息地** ユーラシアからアフリカの森林

カッコウのヒナの背中には、卵をのせて捨てるのに便利なくぼみがある

# ミヤマオウムは
# いたずらせずに
# いられない

大丈夫、何も
しないって!

　ミヤマオウムはニュージーランドにすむオウムの一種。おとなになっても子ども心を忘れず、いたずらが大好きです。
　くちばしや足先でものを投げたり、観光客の持ち物をぬすみまくったりします。
　かれらのいたずらを防止するために、わざわざいたずら専用の遊び場を設置しているところもあるそうです。

寿命14年

**ミヤマオウム**

大きさ 全長45cm

生息地 ニュージーランドの森林

木の根もとにトンネルをほって、土の中の巣に2〜5個の卵をうむ

# アマサギのヒナは親が目をはなしたすきに殺し合いを始める

おかしいわね。さっきまでもうひとりいたのに

アマサギの卵は一度に2〜4個がかえり、えさを分け合ってなかよくくらします。

でも、平和な時間は永遠には続きません。ひそかに実力をつけた1羽のヒナが、ほかの兄弟を巣から突き落とすからです。

残ったヒナはだれとも争わず（争う相手を殺したからですが）えさを独占してすくすく平和に成長します。

寿命 17年

**アマサギ**
- 大きさ 全長 50cm
- 生息地 世界中のあたたかい地域の草原
- ヒナは親からカエルなどを吐きもどしてもらうが、大食いなのでいつも腹ペコ

3 せつない鳥類

# 卵の重さが
# 体重の4分の1も
# あるせいで
# キーウィのお母さんは
# 食事も呼吸も
# ままならない

キーウィはニュージーランドにすむ鳥。体重はニワトリと同じくらいですが、卵の重さはニワトリの卵の6倍もあります。「なんで?」とききたくなりますよね。キーウィだって知りたいでしょう。

以前の説では、「キーウィはむかし大きくて、進化とともに小型化したものの、なぜか卵だけは小さくならなかった」からだと考えられていました。

ところが、2010年にキーウィの祖先のものと思われる化石が見つかったのです。それはいまのキーウィよりも小さく、ここで「キーウィは小さなサイズから大きく進化し

98

3 せつない鳥類

もう…息も
たえだえ

た」という新しい説が出てきました。

そんなわけで、キーウィの卵が大きい理由はあまりよくわかっていませんが、栄養分たっぷりの卵のおかげで、ヒナは体力充分。うまれたてでも敵からダッシュでにげられます。

寿命 20年

ミナミブラウンキーウィ

**大きさ** 全長 50cm

**生息地** ニュージーランドの森林

卵がかえるまでには75日もかかる。ダチョウでさえ42日なので、鳥類最長クラスだ

# コウテイペンギンの赤ちゃんは「タキシード」を着ていない

地味って言わないで

コウテイペンギンの特徴であるタキシード風の白と黒の羽は、すこし大きくなるまであらわれません。防水機能つきのかたい羽は、ヒナにはまだ不要なのです。

そういうわけで、ヒナはくすんだ灰色のほわほわの羽のまま、子ども時代をすごします。

寿命 20年

**コウテイペンギン**

- 大きさ 全長 1.3m
- 生息地 南極周辺の海辺
- おとなの羽は防水性能が高く、水にもぐっても体がぬれない

# ハトの両親は赤ちゃんを1か月間監禁する

3 せつない鳥類

これはだれにも見せられないわね…

うまれたてのハトのヒナは無防備そのもの。敵におそわれたらひとたまりもないので、両親は我が子を秘密の場所（敵に見つかりにくい軒下など）に閉じこめます。

監禁中は、両親の団結力も抜群。両親はかわりばんこに「ピジョンミルク」とよばれる液体を、「そのう※」から吐き出して、たっぷりヒナにあたえます。

※食べ物を一時的にためるところ。胃の手前にある。

**寿命5年**

**カワラバト**

- 大きさ：全長35cm
- 生息地：世界中の平地
- ピジョンミルクのおかげで、ハトはえさが少ない時期も子育てできる

101

# フラミンゴのヒナにはフラミンゴらしさが何もない

フラミンゴのいちばんの特徴といえば、あざやかなピンク色の体です。

でも、うまれたばかりのフラミンゴのヒナは、ピンクどころか全身灰色。

それもそのはず、フラミンゴの毛にはもと

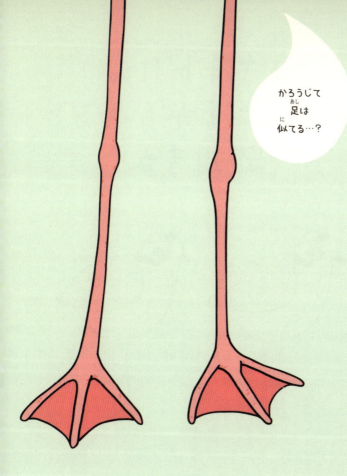

かろうじて足は似てる…?

3 せつない鳥類

もと色がありません。
　赤い色の成分をふくんだ「フラミンゴミルク」を両親の口からもらうことで、だんだんと羽がピンクに色づいていくのです。
　ちなみに、ヒナの毛はふわふわです。

寿命30年

ベニイロフラミンゴ

大きさ 全長1.3m
生息地 北アメリカから南アメリカの海岸や湖
ヒナの大きさは、だいたいテニスボールくらい

103

# ユキチドリは卵からヒナがかえると離婚する

あとはよろしく

卵からヒナがかえると、ユキチドリのお母さんはあっさりヒナを見捨てて、新しい家族をつくりにいきます。子どものめんどうをみるのは、お父さんひとり。

ヒナが巣立つと、お父さんは新しいパートナーを探します。でも、そのパートナーとは、うまれたてのヒナを置いて家出してきた別のお母さんです。

寿命3年

**ユキチドリ**

- 大きさ：全長16cm
- 生息地：北アメリカから南アメリカの水辺
- 砂浜にくぼみをつくって3〜5個卵をうみオスとメスが交代であたためる

# シチメンチョウは いざとなったら メスだけで子どもをつくる

3 せつない鳥類

わたしが いちばん びっくりしてる

交尾をせずにメスだけで子どもをつくることを「単為生殖」といいます。

オスとメスで交尾をして子どもをつくる動物でも、場合によっては単為生殖で子どもをつくることがあります。

シチメンチョウの場合、父親になってくれそうなオスが見つからないときに、奥の手として単為生殖をおこなうようです。

寿命 4年

**シチメンチョウ**

- 大きさ：全長 1.2m
- 生息地：北アメリカの森林
- 単為生殖が確認されたのは飼育されているもの。野生では未確認

# ウミガラスは崖っぷちにたったひとつの卵をうむ

ウミガラスは崖っぷちに大勢で集まってくらしています。かれらは巣をつくらないので、卵は地面にうみます。

高さ何十mもの崖に適当に卵が置いてあるのを見るとヒヤ

ヒヤしますが、意外と落ちないので安心してください。

なぜならかれらの卵は、なみだのような、洋ナシのような、かわった形をしているからです。じつはこれが安定感抜群で、たと

# 3 せつない鳥類

絶望と思うか、
絶景と思うかは
きみしだいだよ

だれかにけられても、細くなっている先っぽを中心にその場でぐるぐる回るだけ。転がっていくことはありません。
ウミガラスは卵にこんな工夫をしてまでも、崖っぷちにこだわりぬいているのです。

寿命 27年

## ウミガラス

**大きさ** 全長 40cm
**生息地** 北太平洋から北大西洋の海岸

ペンギンのようなすがたで、潜水が得意。しかも、飛ぶこともできる

107

# ダチョウのヒナは6か月で60倍のサイズになる

時の流れが速すぎると思うわ

ダチョウの赤ちゃんはたったの800gしかありませんが、わずか半年で50kgにまで成長します。

**ダチョウ** 寿命50年
- 大きさ：全長1.8m
- 生息地：アフリカのサバンナ
- 鳥の中で唯一、足の指が2本しかない

3 せつない鳥類

# ワタリアホウドリは飛ぶのを覚えるのがすごくおそい

できればずっとここにいたい！

ワタリアホウドリが翼を広げたときの長さは、3.4m！これはダチョウ顔負けの長さで、鳥類最長です。

大きい翼は風をよくとらえ、一度も羽ばたかずに何時間も飛ぶことができます。

でも、巨大な翼の操縦は難しく、使いこなせるまでには10か月もかかります（ちなみにツバメは1か月半くらい）。

**寿命30年**

**ワタリアホウドリ**
- 大きさ：全長1.2m
- 生息地：南半球の島々
- ヒナはおとなになるまでに7〜8年もかかる

# イエミソサザイは毎日500匹のクモを食べる

もっと食べさせて

イエミソサザイはクモとともにうまれ、クモを食べて成長します。

というのも、かれらはクモの「卵のう※」を巣の材料に使うのです。だから、卵からヒナがかえるのと同時に、クモの赤ちゃんもうまれてきます。

クモの子まみれの巣を想像すると気持ち悪いですが、イエミソサザイにしてみれば、巣の材料とえさが一気に手に入って一石二鳥です！

※たくさんの卵を糸でくるんだもの。

③ せつない鳥類

この最高の環境で、ヒナは1日500匹ものクモの子を、モリモリ食べて成長します。

人間にとっては地獄のような環境でも、イエミソサザイのヒナにとってはパラダイスなのですね。

寿命3年

**イエミソサザイ**

大きさ 全長12cm

生息地 北アメリカから南アメリカの森林

クモの赤ちゃんは巣にたかるダニなどの寄生虫も食べてくれて一石三鳥!

# 4 水の中は、せつなさでいっぱい
## せつない魚類

# 魚類って、こんな動物

---

**【定義】**

体はうろこでおおわれ、足はなく、ひれを使って泳ぎ回る。水中にとけこんだ酸素をえらから取り入れ、呼吸している。体温は水温によってかわるけど、0℃を下回る冷たい海でくらすものもいる。

---

**【いちばん小さい魚類】**

ドワーフフェアリーミノー
体長 7.9mm

---

**【いちばん大きい魚類】**

ジンベエザメ
体長 20m

---

**【種類はこれくらい】**

3万3000種（全動物の2.4％）

---

**【親子関係の特徴】**

水中に卵を大量にばらまくものから、おなかの中で卵をかえして直接子どもをうむものまで、いろいろ。

---

114

# 子どもを食べようとするお母さん vs. 子育てするお父さんという家庭でベタは育つ

4 せつない魚類

いいかい、お母さんが来たらかくれるんだよ

ベタは「闘魚」ともよばれる、なわばり意識が強く攻撃的な魚。お母さんも例外ではなく、我が子の卵を食べようとします。

そんなわけで、ベタはお父さんに育てられるのです。でも、頼みの綱のお父さんでさえ、ときどき子どもを食べようとします。

ベタの世界で生き残るには、かくれんぼのプロにならなきゃならないのかも。

寿命4年
ベタ・スプレンデンス
- 大きさ 体長5cm
- 生息地 タイとラオスの川
- ♂ オスは水草を集めて産卵用の巣をつくり、メスを追いかけ回して卵をうませる。卵をうんだメスは、オスに追いはらわれる

# ヨーロッパヘダイは つるむ友だちによって 性格がかわる

みんながそっちへ行くなら、おれもそうするよ

じつは、魚は「性格」によってぜんぜんちがう行動をとります。しかもそれはうまれつきのものではなく、成長する過程でかわっていくようなのです。

ポルトガルの海洋科学センターの研究員たちは、ヨーロッパヘダイを使って魚の性格を調べる実験をしました。

## 魚の性格を調べる実験

まず、研究員たちは、1匹ずつ性格テストをしたあと、
かれらを3つのチームに分けて、観察しました。

① 観念してじっとしている「ひかえめチーム」

② 網の外へジャンプしてにげようとする「ワイルドチーム」

③ 「ひかえめチーム」「ワイルドチーム」の混合チーム

1か月後……。なんと、いかにも何か起きそうな ③ には
たいした変化がありませんでした。

変化が起きたのは、同じタイプを集めたチーム。

① ひかえめチームの中に、
危険なことにチャレンジするワイルドなタイプがあらわれたのです。

② ワイルドチームのほうには、
周囲に圧倒されたのか、ひかえめなタイプがあらわれました。

おどろくべき結果ですが、こうなる
理由は研究者にもよくわかりませんで
した。

---

**寿命10年**

**ヨーロッパヘダイ**

**大きさ** 体長 40 cm

**生息地** 西大西洋から地中海
の沿岸

卵からうまれたときは
すべてオスだが、成長する
とメスに変化する

# キホシヤッコの<br>カップルは<br>24時間ずーっと<br>いっしょ

> 好きな人とは
> ずっといっしょにいたい。
> 当たり前だろ？

おもにカリブ海にすむキホシヤッコは、とてもなわばり意識が強い魚です。
それと、独占欲もそうとう強いみたい。すみかにしているサンゴのおうちで、いつもパートナーといっしょにすごします。

寿命16年

**キホシヤッコ**
- 大きさ 体長35cm
- 生息地 西大西洋の沿岸
- 子どもは大型魚の体の寄生虫を食べるクリーニングステーションをつくる

# トラフザメは うんだ卵に 興味がない

4 せつない魚類

ほっといたほうが いい子に育つかも しれないし〜

おなかの中で卵をふ化させてから外に出すサメがいる一方で、トラフザメの子育てはさっぱりしたものです。

お母さんはサンゴや岩のすき間に卵をうむと、粘着性のある糸みたいなもので固定して、あとは放置します。赤ちゃんは体長30cmくらいあり、うまれてすぐに泳ぎ出し、ひとりぐらしを始めます。

寿命25年

**トラフザメ**
- 大きさ　体長2m
- 生息地　インド洋から太平洋のサンゴ礁
- 「卵しょう」というかたいケースに包まれた大きな卵をうむ

# タツノオトシゴの 99％は 親と生き別れになって 死んでしまう

タツノオトシゴは1000個もの卵をうみますが、おとなになれるのは5匹くらい。
じゃあ、ほかの995匹はどうなるのかというと、海流に流され、食べ物もなく、敵がうようよいる沖へ運ばれてしまいます。
「タツノオトシゴ、故郷へ帰る」みたいな感

4 せつない魚類

達者でな

動的な場面は、まずありません。
　赤ちゃんだって、沖に流されないように必死です。細いしっぽを海藻などに巻きつけたり、ほかの赤ちゃんにからませたりしますが、波の力にはあらがえず、望まない旅に出発するはめになります。

寿命4年

**イバラタツ**

- 大きさ　体長10cm
- 生息地　インド洋から太平洋の沿岸
- メスはオスのおなかの袋に卵をうみつける。オスはふ化するまで卵を守るが、子育てはしない

# サケは
# ふるさとを
# 忘れない

子どもたちに
うまれ故郷
を見せたくて

　サケは川でうまれ、そのあと数年間海を旅してから、またうまれた場所にもどってきて卵をうみます。親が案内してくれる渡り鳥とはちがい、いきなりひとりで帰ってくるのだから、すごい能力です。

　これにはうまれた川のにおいの記憶を頼りにしているという説もあれば、体に地球の磁場を感じるカーナビのような機能をもっているという説もあります。

**寿命5年**

**サケ**

- 大きさ　体長40cm
- 生息地　北太平洋沿岸とその周辺の川
- ふ化後2か月ほどで海に移動し、成長すると故郷の川にもどってきて産卵して死ぬ

# ディスカスは皮ふからしみ出すぬるぬるの液を子どもにあたえる

4 せつない魚類

近ごろはレストランも高いからねえ…

両親そろって子育てする魚類はまれですが、ラッキーなことに、赤ちゃんディスカスは両親から「愛」をもらえます。

両親は全身から「ディスカスミルク」という粘液を分泌し、子どもに食べさせるのです。ぬるっとして不気味なことにだけ目をつぶれば、タンパク質などの栄養素たっぷりのすごいミルクといえます。

寿命5年(飼育)

**ディスカス**
- 大きさ 体長12cm
- 生息地 南アメリカの川
- 赤ちゃんは厚いくちびるで、両親の体にかみつくようにして粘液をなめとる

123

# 5
## 忘れちゃいけない、 かれらのことを

# せつない
# 海の
# ほ乳類

# 海のほ乳類って、こんな動物

【定義】
水中でくらすほ乳類。陸のほ乳類とちがうのは、足をひれにかえているところ。魚のようなえらはないので、水面から鼻のあなを出して息を吸い、肺で呼吸する。クジラやジュゴンに後ろ足はないけど、骨を見ると祖先は4本足だったことがわかる。

【いちばん小さい海のほ乳類】
バイカルアザラシ
体長 1m

【いちばん大きい海のほ乳類】
シロナガスクジラ
体長 34m

【種類はこれくらい】
100種（全動物の0.007%）

【親子関係の特徴】
クジラやジュゴンは水中で子どもをうむけど、アシカやアザラシは陸にあがってうむ。

126

# ゴンドウクジラは うまれてすぐに はげる

5 せつない海のほ乳類

やってみたい
髪型が
あったのに〜

　ほ乳類には（もちろん人間にも）体毛があります。それはゴンドウクジラも例外ではありません。
　ゴンドウクジラの毛は、頭のてっぺんと口の辺りに生えています。せっかく生えた毛ですが、その命ははかなく終わります。うまれてすぐにぬけてしまい、もう二度と生えてきません。

寿命60年

**オキゴンドウ**

大きさ 体長5m
生息地 熱帯から温帯の海
100頭以上のむれでくらし、赤ちゃんはその中で大切に育てられる

# マナティーの赤ちゃんはわきの下からお乳を飲む

ちょっと汗くさいのが玉にきず

5

せつない海のほ乳類

　マナティーの乳首は、わきの下についています。
だいぶへんな気がしますが、これが便利なとき
もあるのです。

　赤ちゃんがお乳を飲むときは、お母さんのわ
きの下（正確には胸びれの下）に顔をつっこみます。
つまり、お母さんが赤ちゃんを小わきに抱えてい
るような感じになるわけですが、こうすることで
水の抵抗をあまり受けずにくっついていること
ができます。

　おかげで、赤ちゃんは海流に流されることな
く、心安らかにお乳を飲めるってわけです。

寿命40年

アメリカマナティー

大きさ　体長3m
生息地　北アメリカから南アメ
リカの沿岸
😊　浅い海でおもに海草
を食べているが、川に入っ
て水草も食べる

129

# アシカは日焼けしたくなくて砂まみれになる

体じゅうがちくちくするがしかたない

アシカは美白、命！ほかの動物たちと比べて日焼けを嫌がります。日焼け止めとして、砂を全身にまぶしてがっちりガードする徹底ぶりです。

さらにぬかりないことに、子どもの砂コーティングがはげている部分を見つけると、お母さんがひれを押しあてて、日ざしをさえぎります。

寿命25年

**カリフォルニアアシカ**

大きさ 体長2m
生息地 北アメリカの太平洋沿岸

うまれたばかりの子どもは毛がうすいため、日光だけでなく水にも弱い

# シャチの赤ちゃんは眠ると死ぬ

5 せつない海のほ乳類

夢を見るのが夢

うまれたてのシャチの赤ちゃんの体には、あまり脂肪がついていません。脂肪は、海の中で寒さを防ぐコートのような重要な役割をはたします。

そのため、つねに動いて体温をあげておかないと死んでしまうのです。眠りたければ必死に太るしかありませんが、充分太るまでには1か月もかかります。

寿命50年

**シャチ**
- 大きさ：体長7m
- 生息地：世界中の海
- うまれてすぐに水面に泳いでいって呼吸をしなかった場合も死んでしまう

131

# タテゴトアザラシの親子は2週間で別れる

　タテゴトアザラシのお母さんは、赤ちゃんがうまれてから2週間ほどのあいだ、ひたすらお乳をあたえます。
　けれど、それで燃えつきてしまうのか、そのあとはまだ小さい赤ちゃんを置いて、どこかへ行ってしまいます。

## 5 せつない海のほ乳類

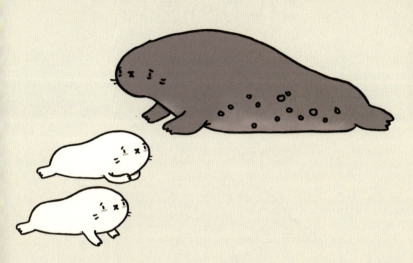

いくらなんでも早すぎやしない?

寿命30年

**タテゴトアザラシ**

大きさ 体長1.8m
生息地 北極周辺の海
出産をむかえたメスたちは集まってむれをつくり、いっせいに出産する

# イルカの歯はかめない

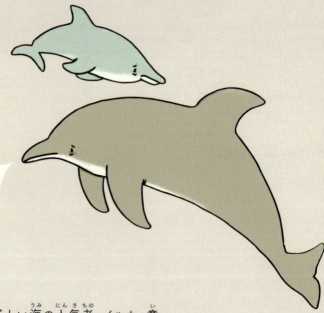

たまには歯ごたえを感じたいよ

　かわいらしい海の人気者、イルカ。意外にも、口を開くとするどい歯が76〜100本もずらりと生えています。

　でも、この歯はすべて同じ形をしていて、えものをすりつぶすのには使えません。もっぱら、かれらは丸のみ派です。

　じゃあ歯は何に使うのかというと、えものをつかんでのがさないために使います。

**寿命30年**
**ハンドウイルカ**
- 大きさ 体長3m
- 生息地 温帯から熱帯の海
- うまれてすぐに最初の歯が生え、人間とちがって生えかわることはない

# セイウチのおもちゃは死んだ鳥

トリあえず、これでがまんしとくか

ロシアのある島で1か月間セイウチを（寒くてくもっている中、崖の上で！）観察した研究者が目にしたのは、衝撃的な光景でした。

それは、セイウチの子どもが死んだ鳥で遊ぶすがた。かれらは死んだ鳥ととっ組み合ったり、引きずったり、ほうりなげたりして楽しんでいたのです。

そのようすは、無邪気でかわいいものでした。相手が死体ということをのぞけば、ですけど。

> 5 せつない海のほ乳類

**寿命40年**

**セイウチ**
- 大きさ 体長3m
- 生息地 北極周辺の海
- 赤ちゃんはほとんど無毛。成長するにつれて、上あごの犬歯がのびてくる

# マッコウクジラは
# ママ友に
# ベビーシッターを頼む

マッコウクジラはお母さんだけで子育ても狩りもします。

でも、えもののダイオウイカがいるのは水深1000mの深海。まだじょうずに泳げない子どもを連れてもぐるのは、とうてい無理な深さです。

そこでかのじょたちは「ママさんチーム」を結成。1頭が狩りに出ているあいだ、ほかのママ友が子守りをするシステムで、家庭と仕事を両立させています。

5 せつない海のほ乳類

たまには
お父さんにも
手伝ってほしい
もんだわ!

寿命70年

マッコウクジラ

大きさ 体長15m
生息地 世界中の海

シャチなどにおそわれたときも、ママ友が盾のように並んで子どもを守る

# 6
## 嫌われがちだけど、知ってほしい
# せつない昆虫

# 昆虫って、こんな動物

【定義】
ほとんどの場合、体が頭・胸・腹の3つに分かれていて、6本の脚と4枚の羽をもつ。小さい体でいろいろな場所に入りこめるので、同じ場所で数多くの種類がくらせる。1年以内に死ぬものがほとんどだけど、そのかわりたくさん子孫を残す。

【いちばん小さい昆虫類】
寄生バチの一種
ディコポモルファ・エクメプテリギス
体長 約0.1mm

【いちばん大きい昆虫類】
ナナフシの一種
フォバエティクス・チャニ
体長 35.7cm

【種類はこれくらい】
100万種（全動物の73％）

【親子関係の特徴】
ほとんどの昆虫はたくさんの卵をうみ、子育てはしない。

わたしたち、
例外
だけど……

昆虫以外の無脊椎動物
（背骨をもたない動物）も
ここで紹介しているけど、
本当はそれぞれ
まったく別のグループ。
クモは昆虫と同じ節足動物だけど、タコとカタツムリは軟体動物という貝のなかま。
ヒトデは棘皮動物というウニやナマコのなかま。

# ハネカクシは どさくさにまぎれて グンタイアリを食べる

6 せつない昆虫

> おい、おまえ！ ちょっとあやしいぞ、 名を名乗れ

　グンタイアリは大きなむれで移動を続けながら、通り道にいるものを片っぱしから食べていきます。その勢いはアリ界最強といっても過言ではありません。

　けれど、グンタイアリのさらに上をいくのがハネカクシです。グンタイアリそっくりの見た目とにおいで、こっそりグンタイアリのむれにまぎれこみ、かれらのえものや、子どもを食べてしまいます。

寿命1年

**ラピドプルス・アシェイ**

- **大きさ** 体長1.3cm
- **生息地** 中央アメリカの森林
- アリに寄生するハネカクシのなかまは幼虫がめったに見つからず、生態はなぞだ

# アブラムシは1週間に一度自分のコピーをうむ

これはわたしのおばあちゃん。2週間前にうまれたの。

動物学者のマーク・カーウォーディンは、本の中でアブラムシのことをこんなふうに書いています。

ダイコンアブラムシは、計算上1匹の子孫が1年間で8億2200万匹まで増える。
これは、世界中の人間の合計体重の2倍以上の重さにあたる量だ。
世界中のアブラムシがこのペースで増えると、地球は高さ150kmのアブラムシでおおわれてしまうだろう。

6

せつない昆虫

アブラムシは植物の汁を吸って生きる小さな生き物。でも、かれらにはすごい能力があるのです。

じつは、**アブラムシはほとんどがメスで、オスと交尾しなくても子どもをつくれます。**うまれてくるのは、自分のクローン。

おなかの中で卵をかえし、赤ちゃんのすがたになった子をうみます。

さらにおどろくべきことに、うまれた時点で、子どもはおなかに卵を宿しています。

このように、ひとりで増えるわ、赤ちゃんがすでに**妊娠してるわ**で、アブラムシは爆発的になかまを増やすことができるのです。

だが、心配は無用だ。これは食べ物がたくさんあって敵もいない場合の話。

アブラムシはテントウムシ、クサカゲロウ、寄生バチ、虫を食べる鳥などの天敵にことかかない。かれらがアブラムシをせっせと食べてくれるおかげで、地球は「アブラムシの星」になる危機をまぬがれている。

寿命 **40日**

## ダイコンアブラムシ

**大きさ** 体長 2.2mm

**生息地** 世界中の農地

ふつうは羽なしだが、たまに羽ありがうまれ、遠くに飛んで分布を広げる

143

# ヒトデの赤ちゃんが どこへ行くかは 波が決める

人生は
行き先のない
旅なのさ

　ヒトデは一度に数百個の卵をうみます。うまれたばかりの幼生は、直径たった1mmほど。肉眼では見えないくらいの極小サイズです。
　当然、泳ぐ力なんてなく、波の向くまま、どこかへ運ばれながら流浪の子ども時代をすごします。

**ヒトデ類** 寿命5年
**アカヒトデ**
大きさ うでの長さ6cm
生息地 アジアの沿岸
幼生はプランクトンとして波間をただよい、2年ほどでおとなになる

# アメリカモンシデムシの おうちは 死体のそば

6 せつない昆虫

空気清浄器が ほしいね

アメリカモンシデムシは、トリやネズミの死体を土にうめ、そのそばで卵をうみます。

そして、子どもが卵からかえると、両親は「ごはんだよ～」と、死体をおいしい肉だんごにして食べさせるのです。

ときには夫婦で協力し、背中にのせたり足で押したりして、ホラー映画さながらに死体をいい具合の場所に運ぶこともあります。

**寿命1年**

**アメリカモンシデムシ**
- 大きさ 体長3.5cm
- 生息地 北アメリカの森林
- オスとメスで子育てをするめずらしい昆虫。幼虫は2か月ほどで羽化する

# ミツバチは自分の部屋をそうじしてから旅立つ

立つハチ あとをにごさず…ってね

ミツバチの一生は、巣の中の、さらに細かく分かれた小部屋の中で始まります。

そこで幼虫からサナギになり、そして羽化しておとなのミツバチへと成長するのです。

おとなになったミツバチは、仕事をまかされ、むれの一員として働き始めます。

それは同時にすみなれた部屋

6 せつない昆虫

からの旅立ちも意味します。
　りちぎなことに、かれらはすんでいた部屋をきちんとそうじしてから、社会に出ていくんだそうです。

寿命5か月
**セイヨウミツバチ**
大きさ 体長1.3cm（働きバチ）
生息地 世界中で飼育されている

ローヤルゼリーを食べて育った幼虫は1.5倍くらいの大きさに育って、女王バチ候補になる

147

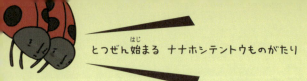

とつぜん始まる ナナホシテントウものがたり

# ナナホシテントウの卵はとっても小さい

これ、顔かい？あんまりかわいくないね

「テントウムシ」として親しまれ、赤い体に黒い水玉模様がトレードマークのナナホシテントウ。

かれらは、多いときは1年で2000個もの卵をうみます。大きさはわずか1mmほど。卵をうみつけるのは、アブラムシ付近の葉っぱの上と決まっています。これはアブラムシを食べて育つ幼虫のために、卵がかえってすぐに食事ができるよう、配慮しているのです。

万が一、アブラムシがいないと……。赤ちゃんたちは共食いを開始します。

# 幼虫は全身トゲトゲ

ナナホシテントウの幼虫は、親とは似ても似つかないすがたをしています。黒い体に赤やオレンジの模様があり、とげみたいな突起物がついています。

ぱっと見ると、テントウムシというよりも、ミニサイズのは虫類のようです。かれらは早くおとなになるべく、アブラムシを食べまくります。

ママもパパも、ぼくのことをちっともわかってくれない！

# トゲトゲ期が終わるとぶ厚い皮でパンパンのサナギになる

ナナホシテントウの幼虫は、おとなのすがたになるため、サナギになります。体をプルプルゆらして脱皮をすると、サナギ期間のスタート。ぴたりと葉っぱにはりついて、時がたつのをじっと待つのです。

1週間ほどがまんすれば、サナギの中でおとなの体に変身します。

じろじろ見ないで、ほっといて！

# サナギから出たら4時間でおとなになる

6 せつない昆虫

いろいろあったけどこの家の子でよかったよ！

サナギから出てきても、ナナホシテントウのおとなへの道はまだ終わりません。
羽化したての体は、おとなのような赤ではなく明るい黄色。トレードマークの黒い水玉もありません。
すこしずつ色がかわり、模様がうかびあがって、おとなと同じすがたになるのには、4時間もかかります。

**ナナホシテントウ** 寿命3か月

- 大きさ 体長7mm
- 生息地 ユーラシアから北アフリカの草原
- 春から夏に羽化した成虫は2か月くらいで死ぬが、秋に羽化した成虫は冬をじっとしてすごし、春に卵をうむ

# 2匹のカタツムリが交尾するとどっちも妊娠する

おれは母親。
おまえも母親…。

あっ、ちょっと混乱してきた

　カタツムリはひとつの体の中にオスとメス両方の機能をもっているので、**交尾をすると両方とも妊娠**します。

　カタツムリたちの目的はただひとつ。たくさん子孫を残すこと。オスとかメスとか、そんなことはどっちだっていいのです！

　交尾した両方が妊娠すれば、それだけたくさん子どもをうむことができてお得というわけ。もしかすると、かれらは地上にカタツ

152

6

せつない昆虫

ムリ王国をつくるという野望をもっているのかもしれません。
　でも、残念なことにいろんな生き物に容赦なく食べられてしまうので、なかなかその野望はかないそうにもありません。

腹足類　寿命20年

**アカシマヌリツヤマイマイ**

大きさ　殻の高さ6cm

生息地　ニュージーランドの森林

ミミズなどを食べる大型のカタツムリ。カタツムリの中でも長生き

153

# ガケジグモは腹ペコすぎてお母さんを食べる

空腹に負けて、つい…

ガケジグモは一度に100匹が卵からかえります。そうすると、何が起きるのか? ものすごい**食料不足**です。

お母さんは事前に子グモのえさ用の卵をうんで準備していますが、そんなものではたりず、子グモはお母さんを食べてしまいます。それでもまだ腹ペコの子グモたちは、一致団結して自分たちより**20倍も大きなえものをしとめて食べ**ます。

**鋏角類** **寿命2年**
**フェロクスセスジガケジグモ**
- **大きさ** 体長1.3cm
- **生息地** ヨーロッパから北アメリカの森林
- 子どもたちはいっせいに体をブルブルさせて巣をゆらし、敵を追いはらう

# ハサミムシは
# いいにおいがする
# 子どもをひいきする

6 せつない昆虫

クンクン…
勉強をさぼってる
においがするわね

ハサミムシの赤ちゃんがうまれると、お母さんはかいがいしく世話をします。ついでに、赤ちゃんのにおいをよーくかぐことも忘れません。ハサミムシはにおいで健康状態がわかるのです。

そして、いちばん健康そうなにおいの子を選び出し、別の場所でその子にだけたくさんえさをあたえて特別待遇します。

寿命1年

ヨーロッパクギヌキハサミムシ
- 大きさ　体長1.3cm
- 生息地　ヨーロッパから北アフリカの森林
- 土をほって50個ほどの卵をうみ、成虫になるまで1か月以上も世話する

155

# タコは過保護

手出しはご無用

6

せつない昆虫

タコのお母さんは卵に身も心もささげ、飲まず食わずでひたすら守り続けます。

そんなタコの中でも、2007年にカリフォルニア州モントレー湾で発見されたタコは、なんと4年5か月ものあいだ、卵をだき続けていたのです。もちろん、タコが卵をだく期間の最長記録。

かのじょは卵に新鮮な水を吹きかけ続け、食べることも、休むこともしなかったそうです。そのため、卵の中の子の成長と引きかえに、かのじょは弱っていきました。

2011年、ついに卵がかえり、海の中へ散っていく子どもたちを見送ると、かのじょは一生を終えました。

頭足類　　寿命5年

ミズダコ

大きさ 全長3m
生息地 北太平洋の沿岸
メスは一生に1回しか卵をうまない。オスは交尾をするとすぐに死ぬ

157

# オニヤンマは5年かけておとなになり、1か月で死ぬ

ディズニーランドに行ってみたかった

オニヤンマが卵をうむのは、川の中。卵からかえった幼虫はヤゴとよばれます。

そこから空を飛ぶまでの道のりは長く、ひたすら脱皮をくり返して、すこしずつ成長します。やっと飛び立つのは5年後です！

ところが、成虫になってからの寿命はほかのトンボと同じ。はかなくも、1か月くらいで死んでしまいます。

**寿命5年**

**オニヤンマ**
- 大きさ：体長10cm
- 生息地：東アジアの水辺
- 羽化したオスはなわばりに決めた水辺の上を、死ぬまでひたすら巡回し続ける

# キマダラコガネグモは命とひきかえに卵を守る

6
せつない昆虫

お母さんからの
最初で最後の誕生日
プレゼントが、
この巣なんだ

キマダラコガネグモのお母さんは、巣に卵をうみつけると、「卵のう」という、糸でつくった袋で包みます。そこからは、食事にも行かず、つきっきりで卵を守り続けます。冬になると、お母さんは飢えと寒さで力つきて死んでしまいますが、卵のうで守られた卵はあたたか。春には元気な子グモが外に出てきます。

| 鋏角類 | 寿命8年 |
|---|---|

**キマダラコガネグモ**

- **大きさ** 体長2.4cm（メス）
- **生息地** 北アメリカの草原
- オスはメスの3分の1の体長しかなく、交尾のあと食べられることが多い

# 7
## 血（ち）は冷（つめ）たいけど、心（こころ）はあたたかい……かも？
# せつない
# は虫類（ちゅうるい）

# は虫類って、こんな動物

---

【 定義 】
全身がうろこでおおわれていて、脱皮をすることで体が大きくなっていく。体温が気温に合わせて大きくかわるので、あまりに寒いところでは活動できない。卵は殻で包まれており、乾燥に強い。

---

【 いちばん小さいは虫類 】

ミクロヒメカメレオン
全長 1.8cm

---

【 いちばん大きいは虫類 】

アミメニシキヘビ
全長 9.9m

---

【 種類はこれくらい 】

1万種（全動物の 0.7%）

---

【 親子関係の特徴 】
基本的には卵をうみっぱなしだけど、
ワニの母親は卵や子どもを守る。

# ワニは子どもを口に入れて運ぶ

**7 せつないは虫類**

ねぇ、ちょっとささってない!?

ワニのかむ力は動物界最強。なかでもイリエワニのパワーはすさまじく、2tもの力でかみます（ちなみに、人間はせいぜい50kgていど）。

そんなワニですが、いつでも全力でかむわけではありません。かれらは口の中に赤ちゃんを入れて運びますが、そのときはそ〜っと口を閉じるそうですよ。

**寿命70年**

**イリエワニ**
- 大きさ 全長5m
- 生息地 アジアからオーストラリアの沿岸
- 砂にうめた卵からふ化した子ワニが鳴くと、母親は砂をほりかえして子ワニを出す

# ワニの赤ちゃんには卵の殻を破る専用の角がある

歯を矯正しないといけないかしら？

赤ちゃんワニの鼻先には「卵角」という小さい角が生えています。一見歯のようですが、その正体は、かたくとがった皮ふの一部。数か月たつとなくなる、期間限定の角です。

気候が乾燥していると、いつもより卵の

7 せつないは虫類

殻がかたくなることがあります。そんなとき、この角がものをいいます。
　赤ちゃんはこの角で一生懸命卵の殻を破って、外に出てくるのです。
　もし、それでも殻を破れなかった場合、待っているのは卵の中での死です。

寿命50年

ミシシッピワニ

大きさ 全長4m
生息地 アメリカの川や沼
😢 卵は温度によって、オスになるかメスになるか決まる

165

はわわわ…

# コモドオオトカゲは親に食べられないために木にのぼる

　人間の子どもは、遊びで木にのぼることがあります。一方、コモドオオトカゲの子どもは、生き残るために木にのぼります。

　というのも、かれらの死因の10％は、親をふくむおとなに食べられることだから。

　おとなは体重が70kg以上あって木のぼりができないので、子どもは必死で木にのぼり、避難生活を送ります。

寿命50年

**コモドオオトカゲ**

**大きさ** 全長 2.5m

**生息地** インドネシアの森林

😟 メスは卵をうむと、ほかのおとなに食べられないように土にうめてかくす

# ウミガメがこの世で最初に見るのは母親の顔ではなく、月

**7 せつないは虫類**

ゲッ、今日くもりで月が見えないじゃん

母ウミガメの仕事は、陸にあがって卵をうみ、砂にうめた時点で終了です。産卵を終えると、我が子の誕生を待つことなく海のかなたへさようなら。

うまれたばかりの赤ちゃんは、自力で海までたどりつかないと死んでしまいます。

かれらは、兄弟たちといっしょに、月明かりに照らされた海をめざすのです。

**寿命80年**

**アオウミガメ**

**大きさ** こうらの長さ90cm
**生息地** 温帯から熱帯の海
😢 子ガメは明るい方向に向かうので、外灯があると海にたどりつけない

167

# ウィップテールリザードの世界には母親のクローンのメスしかいない

恋ってどういうものなのかしら…

**ウェスタンウィップテールリザード** 寿命6年
- 大きさ **全長25cm**
- 生息地 **北アメリカの砂漠**
- 😢 オスは見つかっていない。しかも、メス同士で交尾をするふりをする

## 7 せつないは虫類

ウィップテールリザードはメスだけで子孫を増やします。これは「単為生殖」といって、母親が自分の「クローン」のようなものをつくるのです。

クローンと聞くと、何だかすごそうですが、いいことばかりではありません。親から子へ100％同じ遺伝子が引きつがれると、親が抱えている問題（お肌が弱いとか、アレルギーがあるとか、運動オンチだとか……）も全部遺伝してしまうのです！

でも、かのじょたちにぬかりはありません。じつは、ウィップテールリザードはふつうのトカゲの2倍の染色体をもち、それを自分とはちがうパターンに組み合わせて子どもをつくっています。

つまり、クローンのようでいて、親とは微妙にちがうというわけです。

# 8
## 水と陸のはざまで生きてます
# せつない両生類

# 両生類って、こんな動物

【定義】
卵からうまれる。赤ちゃんには足がなく、えらと尾びれのあるオタマジャクシ状態。卵に殻はなく、ゼリー状や泡状のやわらかい「卵のう」で包まれている。成長すると足が生え、えら呼吸から肺呼吸にかわる。

【いちばん小さい両生類】
パエドフリネ・アマウエンシス
全長 7.7mm

【いちばん大きい両生類】
オオサンショウウオ
全長 1.6m

【種類はこれくらい】
7000種（全動物の0.5％）

【親子関係の特徴】
水中に卵をうんで立ち去るものが多い。でも、子育てをするものも少なくない。

172

8

せつない両生類

# タイタアシナシイモリの子どもは、歯を使って母親の皮ふを食べる

タイタアシナシイモリのお母さんの皮ふは、子育て中だけぶ厚くなります。

何のためかというと、子どもたちが歯でこそげとって食べるためです。痛そうですが、皮ふは3日ほどで再生するので大丈夫。栄養満点で、理想的なごはんです。

かれらには子どものあいだだけ皮ふを食べる専用の平たい歯があります。

「かさぶたは嫌」
とかぜいたく
言わないの！

寿命5年

**タイタアシナシイモリ**

大きさ　体長30cm
生息地　ケニアの森林
🥚　両生類なのに赤ちゃんはえらをもたず、おとなと同じすがたでふ化する

173

# タイガーサラマンダーは食べるがわと食べられるがわに分かれる

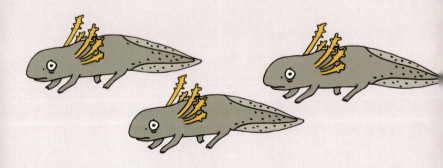

多くの両生類は水の中で卵からかえり、親とはちがう「幼生」というすがたで子ども時代をすごします。

日照りや池の混雑に見舞われると、タイガーサラマンダーの幼生の中には「共食いタイプ」が多く出現します。

共食いタイプは、頭やあごが大きく、歯は「ふつうタイプ」の3倍と、はんぱなく強大。万が一池が干上がってしまった場合で

8 せつない両生類

も、かれらだけは生き残る可能性があります。

　なぜかって？ 長くてするどい歯でなかまを食べて、栄養をたっぷり補給しているからですよ。

寿命16年
**ヒガシトラフサンショウウオ**
- 大きさ　全長27cm
- 生息地　北アメリカの水辺
- 幼生の顔のフサフサはえら。おとなになるとなくなって、肺で呼吸をする

175

# 若い
# パナマゴールデンフロッグ
# は
# コソコソくらす

早く
おとなに
なりたいよ

　パナマゴールデンフロッグは、皮ふから毒を分泌して身を守ります。
　といっても、かれらの毒は成長するにしたがって強くなるしくみ。まだ毒が弱いオタマジャクシや若いカエルは、安全な場所に身をかくし、敵におびえずにくらせる日をじっと待つしかありません。

寿命15年

**パナマゴールデンフロッグ**

- 大きさ　全長5cm
- 生息地　パナマの水辺
- オタマジャクシのおなかには吸盤があり、岩に張りついて藻を食べる

# ウーパールーパーは老けない

8 せつない両生類

おとなって… 何？

ふつうの両生類は、子どもは水中でえら呼吸をし、おとなは陸で肺呼吸をします。

でも、ウーパールーパーは成長して足が生えても陸にはあがらず、水中でえら呼吸のまま。いつまでも半分子どもなのです。

とはいえ、体の中は成長しているので、もちろん卵はうめます。

寿命15年

**メキシコサンショウウオ**

- 大きさ 全長18cm
- 生息地 メキシコの湖
- えらをもったままおとなになるが、環境が悪いと変態して肺呼吸になることもある

# コモリガエルの背中には卵がうまっている

8

せつない両生類

　コモリガエルは、夫婦で絶妙に協力し合って子育てをします。お母さんが100個ほどの卵をうむと、すかさずお父さんがスポンジ状になったお母さんの背中に卵をうめこむのです。

　卵はお母さんの背中の皮ふで安全にかくされ、ふ化します。でも、まだまだ外には出てきません。

　なんと、オタマジャクシからカエルになるまで、子どもたちはずっと背中の中にいます。

　最終的に、お母さんの背中の皮ふを突き破り、かれらは豪快にデビューをかざるのです。

寿命7年

コモリガエル

大きさ　全長16cm

生息地　南アメリカの川

おとなになっても水中ですごし、一生陸にあがることはない

179

# アルプスサラマンダーは3年間も妊娠している

妊娠してるの、もうあきた

　アルプスサラマンダーの寿命は10年くらい。なんと、そのうち3年間は妊娠しています。正確には「卵胎生」といって、母親の体の中で卵がかえり、子どもに足が生えたころにおなかの外に出てくるのです。
　ちなみに「妊娠期間」は、すんでいる場所の標高によって2〜3年と幅があります。

**寿命10年**

**アルプスサラマンダー**
- 大きさ　全長12cm
- 生息地　ヨーロッパの山地
- 子　一度にだいたい2匹

の赤ちゃんがうまれる

# ダーウィンハナガエルは口で卵をふ化させる

せつない両生類 8

絶対に笑ってはいけない

ダーウィンハナガエルのお父さんは、ふ化しそうな卵をパクリと口に入れます。あ、食べているわけではないのでご安心を。
40個ほどの卵を口でふ化させて「鳴のう」の中で大切に育てるのです。
うまれたオタマジャクシは卵の栄養分を使って成長し、カエルのすがたになって、7週間後にゾロゾロ口から出てきます。

**寿命15年**

**ダーウィンハナガエル**

- 大きさ: 全長3cm
- 生息地: 南アメリカの水辺
- 鳴のうとは、鳴くときにふくらませる袋で、歌袋ともよばれる

## 訳者あとがき

　動物の赤ちゃんの中には、つねにお母さんにだっこされているオランウータンの子や、袋の中で育てられるカンガルーのジョーイのように、親に大切に守られる子もいれば、タツノオトシゴやトラフザメの子どものように、ほっとかれてひとりで大きくなるしかない子もいます。

　子育てのやり方はさまざまですが、親たちの願いはひとつ。自分の子孫を残して、後の世へ命をつなぐこと。だから、赤ちゃんたちはどんなにおそろしい目にあっても精いっぱい生きようとするのです。著者のブルック・バーカーはゆるかわいいイラストに、生存をかけてたたかう赤ちゃんたちへのエールをこめているのでしょう。

　生き物たちは種を残すために途方もない時間をかけて戦略を練り、それを身につけてきました。父親の力を借りずに母親だけで子どもをつくる「単為生殖」なんてものまで編み出しました。メスもオスも卵をうめるカタツムリや、爆発的になかまを増やせるアブラムシは、数の力で地球を支配するのを夢見ているかもしれません。

　この本では、生き物たちのちょっとかわった子づくりや子育て、ゆるぎない親子のきずな、または親に頼らずに生きる子どもたちの奮闘ぶりがたくさん紹介されています。こういう本を書くぐらいですから、ブルックは動物（とくにせつない動物）が好きで好きでたまらないのでしょう。

　みなさんは「好きこそもののじょうずなれ」という言葉を聞いたことがありますか？本の中に登場する動物学者たちの原点もそこにあるのだと思います。夢中になって好きなことについて調べ、いろいろ発見していくのは、何にもかえがたい楽しい時間なのでしょうね。

　今回もダイヤモンド社の金井弓子さんにたいへんお世話になりました。この本をつくってくださったスタッフの方たちへも合わせてお礼を申しあげます。どうもありがとうございました。

服部京子

# THE END

**［著者］**

**ブルック・バーカー**（Brooke Barker）

作家、イラストレーター、コピーライター。前作『せつない動物図鑑』が、ニューヨーク・タイムズ紙とロサンゼルス・タイムズ紙のベストセラーリストに載り、世界各国で翻訳出版された。本書は、満を持しての第2弾。イラストレーターとしての活動は幅広く、コカ・コーラやナイキの広告制作などにも参加。現在は夫とともにオランダのアムステルダムに住んでいる。

http://sadanimalfacts.com/

**［監訳者］**

**丸山貴史**（まるやま・たかし）

動物ライター、図鑑制作者。ネイチャー・プロ編集室勤務を経て、ネゲブ砂漠にてハイラックスの調査に従事。著書に『わけあって絶滅しました。』（ダイヤモンド社）。前作『せつない動物図鑑』の編集や、『ざんねんないきもの事典』『続ざんねんないきもの事典』（ともに高橋書店）の執筆などを手がける。

**［訳者］**

**服部京子**（はっとり・きょうこ）

翻訳者。中央大学文学部卒業。訳書に『ボブという名のストリート・キャット』『ボブがくれた世界』（ともに辰巳出版）、『クレオ』（エイアンドエフ）、『せつない動物図鑑』（ダイヤモンド社）など。

---

## 生まれたときからせつない動物図鑑

2018年7月18日　第1刷発行

著　者―――ブルック・バーカー
監訳者―――丸山貴史
訳　者―――服部京子
発行所―――ダイヤモンド社
　　　　　　〒150-8409　東京都渋谷区神宮前6-12-17
　　　　　　http://www.diamond.co.jp/
　　　　　　電話／03-5778-7232（編集）　03-5778-7240（販売）
編集協力―――田中絵里子
ブックデザイン―辻中浩一（ウフ）
本文デザイン・DTP―内藤万起子・六鹿沙希恵（ウフ）
校正―――――鷗来堂
製作進行―――ダイヤモンド・グラフィック社
印刷―――――加藤文明社
製本―――――ブックアート
編集担当―――金井弓子（kanai@diamond.co.jp）

©2018 Kyoko Hattori
ISBN 978-4-478-10501-6
落丁・乱丁本はお手数ですが小社営業局宛にお送りください。送料小社負担にてお取替えいたします。但し、古書店で購入されたものについてはお取替えできません。
無断転載・複製を禁ず
Printed in Japan